国家核安全“十三五”规划实施评估

生态环境部核与辐射安全中心　编著

中国原子能出版社

图书在版编目（CIP）数据

国家核安全“十三五”规划实施评估 / 生态环境部核与辐射安全中心编著. — 北京 ：中国原子能出版社，2022.12

ISBN 978-7-5221-2622-7

Ⅰ. ①国… Ⅱ. ①生… Ⅲ. ①核安全－研究报告－中国 Ⅳ. ①TL7

中国版本图书馆 CIP 数据核字(2022)第251120号

国家核安全“十三五”规划实施评估

出版发行	中国原子能出版社（北京市海淀区阜成路 43 号　100048）
责任编辑	徐　明
装帧设计	崔　彤
责任校对	冯莲凤
责任印制	赵　明
印　　刷	北京华联印刷有限公司
经　　销	全国新华书店
开　　本	787 mm×1092 mm　1/32
印　　张	7.5
字　　数	220 千字
版　　次	2022 年 12 月第 1 版　2022 年 12 月第 1 次印刷
书　　号	ISBN 978-7-5221-2622-7　　**定　　价**　**88.00** 元

网址:http://www.aep.com.cn　　**E-mail:atomep123@126.com**

发行电话：010-68452845

国家核安全“十三五”规划实施评估

编审委员会

国家核安全“十三五”规划实施评估

编　制　组

主　编： 张　弛　董毅漫

副主编： 曲云欢　李小丁　李光辉　张黎辉

龚　宇　白　刚

编　委：（以姓氏笔画为序）

王桂敏　田　宇　白　刚　冯巨恩

曲云欢　刘　婷　刘瑞桓　李小丁

李光辉　李宏宇　杨丽丽　吴彩霞

张黎辉　陈　瀛　周晓蕊　郑向阳

郑洁莹　郜建伟　高思旖　黄　力

龚　宇　魏方欣

序 PREFACE

党的二十大报告提出"积极安全有序发展核电"，核安全是核事业发展的生命线。核安全规划是落实党中央决策部署的重要手段，是指导我国五年内核安全与放射性污染防治工作的顶层设计，是核安全领域推进生态文明建设的施工图和路线图，对于保障核安全具有重要的指导作用。习近平总书记在第三、四届全球核安全峰会上将我国制定实施核安全中长期规划作为良好实践对外宣介。国务院对"十二五""十三五""十四五"核安全规划进行批复，对规划的实施提出了明确要求。《中华人民共和国核安全法》第七条规定，国务院核安全监督管理部门会同国务院有关部门编制国家核安全规划，报国务院批准后组织实施。同时，核安全规划在国际社会反响良好，2016 年国际原子能机构对我国开展核与辐射安全监管综合跟踪评估，把我国编制并实施核安全规划作为经验向成员国推广。

一分部署，九分落实，规划的生命力在于执行，在于提升核安全监管行动有效性。习近平总书记强调"强化规划的法规效力""要严格执行规划，坚决防止不把规划当回事"。国务院对核安全规划的批复中明确要求"加强跟踪分析，开展评估总结"。强化核安全规划执行，就是对党中央、国务院决策部署的贯彻落实。开展核安全规划评估，是跟踪监测核安全规划实施情况的重要举措，是发现研究和聚力解决核安全重难点问题的有力抓手，是促进提升核安全保障能力和水平的有效渠道，是科学编制下一个核安全五年规划的前提和重要基础。本书集成“十三五”核安全规划评估相关技术报告，对加强经验反馈，促进提升核安全规划实施具有重要意义。

生态环境部核与辐射安全中心作为我国核与辐射安全监管的全面技术支持单位，将聚焦主业主责，持续固本强基、守正创新，秉持“严慎细实”作风，不断提升核安全规划编制与实施评估技术支撑工作水平，为推动我国核安全监管高质量发展贡献力量。

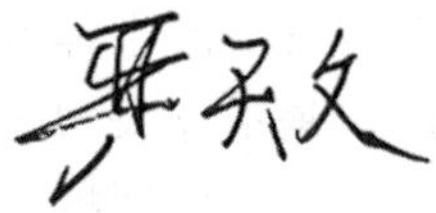

前言

PREFACE

核安全是国家安全的重要组成部分，是生态环境的重要领域，是确保能源安全的重要条件，加强核安全与放射性污染防治，对于推进生态文明建设，实现美丽中国宏伟目标具有重大意义。《核安全与放射性污染防治“十三五”规划及2025年远景目标》（以下简称《核安全规划》）由国务院批复，是指导我国“十三五”乃至2025年核安全与放射性污染工作的纲领性文件，确定了“十三五”时期核安全工作的主要目标、主要任务、重点工程和保障措施。国务院对《核安全规划》的批复（国函〔2017〕29号）明确要求，生态环境部应会同有关部门对规划实施情况进行跟踪分析和督促检查，重大问题及时向国务院报告。为了贯彻落实国务院批复要求，生态环境部会同有关部门采用重点单位现场核查等评估手段，先后于2018年和2020年对规划各项工作开展了中期评估和终期评估，形成评估报告并报送国务院。通过对《核安全规划》实施评估，系统评价规划目标、重点任务、重点工程和保障措施执行情况，总结规划实施良好实践，分析存在的问题，为“十四五”核安全与放射性污染防治工作提供对策建议。

本书集成了《核安全规划》涉及的11个核安全与放射性污染防治相关领域的评估技术报告，以及2个开展评估工作的技术方案。本书第一部分第一章由李光辉、田宇等编著；第二章由李光辉、龚宇等编著；第三章由龚宇、曲云欢等编著；第四章由张黎辉、郑洁莹、刘婷等编著；第五章由张黎辉、高思旖、冯巨恩等编著；第六章由李小丁、白刚等编著；第七章由龚宇、周晓蕊等编著；第八章由部建伟、黄力等编著；第九章由李小丁、吴彩霞等编著；第十章由曲云欢、吴彩霞、陈瀛等编著；第十一章由白刚、李小丁等编著。第二部分第一章由曲云欢、白刚等编著；第二章由白刚、李小丁等编著。

在实施评估技术报告编制过程中，生态环境部核设施安全监管司、核电安全监管司、辐射源安全监管司、国际合作司给予了指导和支持。华北核与辐射安全监督站赵永康、孙兴见、李建辉，中国核电发展中心门昌华，生态环境部环境规划院程亮、陈瑾，中机生产力促进中心马力、张劲，北京市生态环境局梁云平、浙江省生态环境厅任腾希、广东省生态环境厅莫光华，中国核工业集团有限公司李思凡、韦红、郭璐怡、尹洪河、周树立、张轶名、薛建新、腾利军、刘敏、汪永平、韩建勇、李峥鸣、高攀卫、高彦锋、郑莉、张建岗、顾凯，中国广核集团有限公司李松波、杨林君、刘建、赵锋，中国华能集团有限公司史在、车蛟、李大为，国家电力投资集团公司吴玉林、仲崇军，中国工程物理研究院汪涛，清华大学曲静原、李红等专家为评估报告的编写提供了大量的素材，在此一并表示衷心感谢。

《核安全规划》作为国家层面对核安全与放射性污染防治工作的全局统筹，对推进核安全与放射性污染防治工作跨越提升具有重大意义。希望本书的出版，有助于读者加深对核安全“十三五”规划的理解，更好地指导未来规划编制和实施评估工作，促进我国核安全与放射性污染防治工作。需要说明的是，核安全规划实施评估属于阶段性成果，评估技术方法尚有不足之处，还需要不断探索、创新和完善；评估成果也具有时效性和一定的局限性。另外，在文字表述和数据引用等方面，如存在不够精确、值得商榷之处，恳请读者批评指正。

著　者

2022 年 9 月

目录
CONTENTS

第一部分　各领域评估报告

第二部分　组织开展评估工作相关文件

第一部分

各领域评估报告

第一章　核电厂领域终期评估技术报告

核电厂是核能与核技术利用事业的重要组成部分，核电厂安全是核安全的重要方面。《核安全与放射性污染防治“十三五”规划及2025年远景目标》（以下简称《核安全规划》）发布实施后，各政府部门和营运单位以国家核安全观为指导，认真贯彻落实国家核安全与放射性污染防治决策部署，坚持核安全是核工业的生命线的理念，贯彻执行“安全第一、质量第一”的方针，分工负责，各司其职，有序推进《核安全规划》各项工作。

1.《核安全规划》实施总体进展情况

“十三五”期间，我国运行核电机组保持安全稳定运行，安全管理水平持续提升，运行安全达到国际先进水平，安全业绩良好，安全指标整体受控，未发生国家核电放射事件分级表（INES）2级及以上运行事件，气态和液态流出物排放远低于国家标准限值；在建核电机组建造质量受控，建造专业化水平有所提高；新建核电机组设计安全性提高。

1.1　我国核电基本情况

截至2020年12月31日，我国大陆投入商业运行的核电机组共49台，装机容量5 102万千瓦，排名世界第三；在建核电机组15台，排名世界第一。具体运行核电机组如表1-1所示，在建核电机组见表1-2。

表 1-1　我国运行核电机组

序号	核电厂	机组号	型号/堆型	开工日期	商运日期	容量（万千瓦）
1	秦山核电厂	1	CNP300/PWR	1985/3/20	1994/4/1	33
2	秦山第二核电厂	1	CNP600/PWR	1996/6/2	2002/4/15	65
3		2		1997/3/23	2004/5/3	65
4		3		2006/4/28	2010/10/5	66
5		4		2007/1/28	2011/12/30	66
6	秦山第三核电厂	1	CANDU6/PHWR	1998/6/8	2002/12/31	72.8
7		2		1998/9/25	2003/7/24	72.8
8	大亚湾核电厂	1	M310/PWR	1987/8/7	1994/2/1	98.4
9		2		1988/4/7	1994/5/6	98.4
10	岭澳核电厂	1	M310/PWR	1997/5/15	2002/5/28	99
11		2		1997/11/28	2003/1/8	99
12		3	CPR1000/PWR	2005/12/15	2010/9/20	108.6
13		4		2006/6/15	2011/8/7	108.6
14	田湾核电站	1	VVER/PWR	1999/10/20	2007/5/17	106
15		2		2000/9/20	2007/8/16	106
16		3		2012/12/27	2018/2/15	112.6
17		4		2013/9/27	2018/12/22	112.6
18		5	M310+/PWR	2015/12/27	2020/9/8	111.8
19	红沿河核电厂	1	CPR1000/PWR	2007/8/18	2013/6/6	111.9
20		2		2008/3/28	2014/5/13	111.9
21		3		2009/3/7	2015/8/16	111.9
22		4		2009/8/15	2016/9/19	111.9

续　表

序号	核电厂	机组号	型号/堆型	开工日期	商运日期	容量(万千瓦)
23	宁德核电厂	1	CPR1000/PWR	2008/2/18	2013/4/15	108.9
24		2		2008/11/12	2014/5/4	108.9
25		3		2010/1/8	2015/6/10	108.9
26		4		2010/9/29	2016/7/21	108.9
27	阳江核电厂	1	CPR1000/PWR	2008/12/16	2014/3/25	108.6
28		2		2009/6/4	2015/6/5	108.6
29		3		2010/11/15	2016/1/1	108.6
30		4		2012/11/17	2017/3/15	108.6
31		5	ACPR1000/PWR	2013/9/18	2018/7/12	108.6
32		6		2013/12/23	2019/7/24	108.6
33	方家山核电厂	1	M310+/PWR	2008/12/26	2014/12/15	108.9
34		2		2009/7/17	2015/2/12	108.9
35	福清核电厂	1	M310+/PWR	2008/11/21	2014/12/27	108.9
36		2		2010/12/31	2015/10/16	108.9
37		3		2010/12/31	2016/10/24	108.9
38		4		2012/11/17	2017/7/29	108.9
39		5	“华龙一号”/PWR	2015/5/7	2020/11/27	116.1
40	昌江核电厂	1	CNP600/PWR	2010/4/25	2015/12/25	65
41		2		2010/11/21	2016/8/12	65
42	防城港核电厂	1	CPR1000/PWR	2010/7/30	2016/1/1	108.6
43		2		2010/12/28	2016/10/1	108.6

续 表

序号	核电厂	机组号	型号/堆型	开工日期	商运日期	容量（万千瓦）
44	三门核电厂	1	AP1000/PWR	2009/4/19	2018/9/21	125.1
45		2		2009/12/15	2018/11/5	125.1
46	海阳核电厂	1	AP1000/PWR	2009/9/24	2018/10/22	125.3
47		2		2010/6/20	2019/1/9	125.3
48	台山核电厂	1	EPR/PWR	2009/11/18	2018/12/13	175
49		2		2010/4/15	2019/9/7	175

表 1-2　我国在建核电机组

序号	核电厂	机组号	型号/堆型	开工日期	容量（万千瓦）
1	红沿河核电厂	5	ACPR1000/PWR	2015/3/29	111.9
2		6		2015/7/24	111.9
3	石岛湾核电厂	—	HTR-PM	2012/12/9	20
4	田湾核电站	6	M310+/PWR	2016/9/7	111.8
5	福清核电厂	6	“华龙一号”/PWR	2015/12/22	116.1
6	防城港核电厂	3	“华龙一号”/PWR	2015/12/24	118
7		4	“华龙一号”/PWR	2016/12/23	118
8	国核示范工程	1	CAP1400		
9		2	CAP1400		
10	漳州核电厂	1	“华龙一号”	2019/10/16	112.6
11		2		2020/9/5	112.6

续 表

序号	核电厂	机组号	型号/堆型	开工日期	容量（万千瓦）
12	太平岭核电厂	1	“华龙一号”	2019/12/26	112.6
13		2		2020/10/15	112.6
14	三澳核电厂	1	“华龙一号”	2020/12/31	112.6
15		2	“华龙一号”	2020/12/31	112.6

1.2 规划目标和指标进展情况

规划目标提出：2020 年，运行和在建核设施安全水平明显提高，核电安全保持国际先进水平，运行核电厂安全业绩持续提升，运行安全得到有效保障；在建机组质量受控，重大建造事件得到妥善处理；新建核电机组保持国际先进水平，从设计上实际消除大量放射性物质释放。

运行核电机组持续推进福岛核事故后安全改进长期项目，优化设备管理，加强冷源保障，开展定期安全审查，及时发现安全隐患和薄弱环节，提升了机组运行业绩。

在建核电机组以重要活动、关键设备的风险管控和质量痛点治理为切入点，通过实施核电工程质量管理、核电设备质量和核电安全管理提升行动，进一步建立健全核电工程质量责任制度，强化关键环节控制和因素管理，保障核电工程实体质量。

新建核电机组提升了设计安全性，“十三五”期间，开工建设了 10 台核电机组，所有新建机组设计上严重堆芯损坏事件发生的概率低于 10^{-5}/堆·年，大量放射性物质释放事件发生的概率低于 10^{-6}/堆·年，满足规划目标。

1.3 规划任务措施评估情况

规划重点任务提出：提高核电厂的安全业绩、确保在建核电厂的质量和安全，保持新建核电厂高安全水平，并就运行核电厂、在建核电厂、新建核电厂提出一系列针对性任务安排。规划发布后，各政府部门、企事业单位分工负责，各司其职，圆满完成规划中各项重点任务。

（1）核电机组报告运行事件和建造事件得到有效控制。

"十三五"期间，运行核电机组保持安全可靠运行，未发生国际核事件分级标准2级及以上事件或事故。"十三五"期间全国共报告202起核电运行事件，包括198起0级运行事件，4起1级运行事件，其中：2016年报告运行事件71起，2017年报告运行事件40起，2018报告运行事件40起，2019年报告运行事件31起，2020年报告运行事件20起，年报告数量呈下降趋势。营运单位对重要运行事件分析原因，采取纠正行动，汲取运行事件经验教训，避免类似事件发生。

"十三五"期间，全国共报告111起核电建造事件，其中：2016年报告建造事件48起，2017年报告建造事件13起，2018报告建造事件11起，2019年报告建造事件18起，2020年报告建造事件21起，在建核电机组整体建造质量受控。

（2）开展福岛核事故后安全改进措施有效性评估。

日本福岛核事故后，国家核安全局对运行核电厂提出防水封堵、增设移动电源和移动泵、增设或改造消氢设施、完善核电厂严重事故管理导则、开展外部事件概率安全分析、外部事件安全裕量分析评估、多机组同时进入应急响应方案制定、开展地震海啸风险深入评价、实施秦山一厂海堤加高及增设外部挡水墙工程等10项提高安全水平的措施；对在建核电厂提出了14条分期完成的安全改进措施。

"十三五"以来，运行电厂按照国家核安全监管部门发布的核电厂安全改进通用技术要求实施安全改进行动，持续推进福岛事故后核电厂安全改进，开展数字化控制系统改进、概率安全分析、放射性废物处理改进等长期项目，提升应对极端自然灾害等外部事件的防御能力。

中核集团严格按照《福岛核事故后核电厂改进行动通用技术要求（试行）》开展安全改进，各核电厂短期、中期安全改进行动项已经完成，核电厂长期安全改进项行动持续推进。完善应急计划，提高核事故应急响应能力，开展应急设备接口改造，并将设备管理纳入核电厂维修管理系统，强化对移动应急设备的运行和维护，确保应急情况下可用。通过安全改进项的实施，各核电厂设施的固有安全性得到提升，核电厂应对极端事故的能力得到加强。

中广核集团按照《福岛事故后核电厂改进通用技术要求（试行）》的要求，实施了12项福岛事故后改进项，包括移动式应急电源改进、应急设施存储及燃油补给中心、乏燃料水池临时补水、乏燃料水池温度及液位监测改进、环境监测设施改进、严重事故下安全壳氢气连续监测改进、一次侧临时注水和补水及安全壳喷淋改进、二次侧临时注水及补水改进、水压试验泵柴油发电机组（LLS柴油发电机组）系统在线补油改进、核岛和泵站及柴油机厂房防水淹改进、水源设计优化改进和应急指挥中心改进。各在建项目从增强防水淹能力、提升抗震能力、加强超设计基准事故下电源供电、热阱冷却能力、增强严重事故管理和预防及缓解能力几方面实施了福岛事故后安全改进。

国家电投集团通过福岛事故后核电厂改进项的实施，进一步提高了电厂应对超设计基准外部洪水的裕量，满足事故72小时后安全壳冷却和乏燃料池补水，以及核电厂安全功能和状态监测的电源需求，进一步提高了电厂应急控制中心的可居留性、辐射环境监测系统的可靠性和自然灾害应对能力。

华能集团根据福岛核事故后核电厂改进行动通用技术要求，组织开展了相应评估，结果表明石岛湾高温气冷堆示范工程相关设计满足技术要求，同时增设了挡水板、沙袋等临时措施挡水，为移动电源预留了电气接口，发布了《应急设施、设备、物资和文件管理》程序，规定了各类应急设施设备的管理维护职责和方式。

（3）开展核电厂老化与寿命管理。

各核电厂加强老化与寿命管理，深化老化管理方法、材料老化行为及监检测与缓解技术研究，掌握部分材料老化降质规律，开发一批老化检测和维修缓解技术，支撑核电厂长寿期运行老化管理活动的全面实施。部分核电机组组织开展了核电厂运行许可证延续论证关键技术研究，以及运行许可证延续申请的安全论证和评价，掌握了运行许可证延续涉及的关键技术。

中核集团将"核电厂老化管理和运行许可证延续项目"列为十个重点能力提升的科技专项之一，掌握了核电厂许可证延续涉及的老化管理范围和对象筛选、老化管理审查、老化管理大纲开发、时限老化分析、环境影响评价等关键支撑技术，开展机组功率提升相关技术研究，提交了秦山核电厂运行许可证延续申请书和安全评估报告等相关材料。作为国内核电厂第一个运行许可证延续的标杆工程，为后续核电厂运行许可证延续奠定了基础。

田湾核电厂制订了《老化管理"十三五"及2025年远景工作计划》，开展了老化管理内部评审，并针对存在的不足制定改进行动。在老化分析和检测方面，完成了1、2号机组第一次定期安全审查、老化要素弱项改进，完成了3、4号机组老化管理对象筛选和审查。对1、2号机组压力容器前两套温度和辐照监督试样进行试验，评价了压力容器老化状态。确定了管道运行10万小时后机械性能试验的技术路线。

福清核电建立并完善了1～6号机组老化管理体系。三门核电根据法规规范要求逐步推进电站老化管理。海南核电编制完成老化管理相关程序，建立了老化管理数据平台。

中广核集团组织开展核电厂运行许可证延续论证关键技术研究，已完成第一阶段核电厂运行许可证延续论证关键技术研究。第二阶段核电厂运行许可证延续论证关键技术研究，开展了长期服役工况下RPV材料辐照损伤评价与预测技术研究、关键部件环境开裂与缓解措施研究、核电设备材料组分及老化特性定量检测新技术研究、反应堆压力容器不连续区抗快速断裂分析技术研究、长期服役工况下奥氏体不锈钢管道结构完整性评价技术研究及长期服役工况下金属部件疲劳评价技术研究等子课题研发工作。第三阶段研究内容包括：堆坑混凝土结构性能退化与寿命预测、核级通风系统材料损失检测技术开发与应用、核电厂水池结构泄漏检测及治理技术开发、半导体元器件及电子电路辐照加固技术研究、时限老化分析安全裕度评估关键技术与其应用、电气设备长期运行补充鉴定技术开发与应用、安全壳钢衬里不可达区域检测与维修实施方案、辐照/热老化缓解技术研发与应用、基于在役数据的服役寿命预测模型优化与应用等子课题研发工作。

（4）加强核电厂人因管理。

中核集团建立了完整的经验反馈及人因管理体系，积极汲取和分享经验教训，借鉴及应用良好实践，不断消除现场人因失误陷阱，持续开展防人因失误培训，避免发生重大人因事件。秦山核电通过建立完整的经验反馈及人因管理体系，通过培养坦诚开放的工作氛围，消除现场人因失误陷阱；通过培养良好的人员行为，减少人因失误，避免发生重大人因事件；专门设立了经验反馈处负责人因管理和经验反馈工作，提升公司安全生产绩效。江苏核电建立了人因管理体系，开展防人因失误培训和评价，成立人因管理提升工作组，制定专项行动，重点从设备分级、关键敏感设备的识别和关键区域的划分与标识的应用，推广到避免重大人因事件的发生。三门核电改进了人机接口设计。通过人因管理培训，使员工了解和掌握防人因工具的使用规范，培养员工自觉使用防人因失误工具的良好习惯，有效防范和减少人因失误。

中广核集团为有效降低人因失误导致的事件发生数量，培育和培养人员的核安全理念和行为，在总结防人因失误工作经验的基础上，建立了标准化的防人因失误管理体系，积极开展防人因失误工具开发，包括：制定群厂防人因失误管理导则，建立群厂互通互认的防人因失误培训考核标准，推进防走错间隔、防误碰等专项人因技防措施在现场的应用和推广，挂牌成立国家能源人因工程技术研究所积极开展数字化仪控系统主控室防人因失误等相关研究，组织开展"遵守程序、反对违章"专项行动及防人因失误竞赛等活动，进一步提升核电员工的安全意识和防人因失误意识，提高核电员工在日常工作中熟练使用防人因失误工具的能力，建立"人人都是一道安全屏障"的观念。

国家电投海阳核电厂实施了就地工作环境验证、就地人机接口控制站的设计验证、风险重要构筑物、系统和部件可维修性人因评估、高风险的人员操作就地响应评估、人因工程偏差评估。

（5）实施概率安全分析试点应用。

中核集团从设备可靠性数据采集、模型更新优化、性能指标评价、风险管理体系建立、应用系统开发等方面开展了概率安全分析试点应用。秦山核电应用概率安全分析进行维修规则相关设备的风险重要度等工作。福清核电应用概率安全分析开展了设备可靠性数据采集、运行阶段概率安全分析模型更新优化等方面工作。田湾核电站 1、2 号机组开展了风险指引型在役检查优化项目和安全系统在线维修项目。三门核电重点进行运行阶段概率安全分析模型及应用工具的开发。海南核电完成了功率工况内部事件一级概率安全分析模型等应用软件开发。

中广核集团大亚湾核电基地风险指引型技术在定期试验周期优化、在线维修、在役检查等领域获得国家核安全局批准，并已广泛应用于电厂生产和安全管理。红沿河、宁德核电基地也分别持续在技术规范、定期试验、在役检查等领域开展该技术应用研究，获得国家核安全局批准。阳江核电基地在风险指引型定期试验周期优化领域开展相关工作。台山核电基地基于目前的模型开发现状，已制定了后期的应用计划。

国家电投海阳核电厂根据《概率安全分技术在核安全领域中的应用（试行）》的要求，充分调研行业内概率安全分析的应用经验，正在逐步开展生产期概率安全分析在生产期应用研究工作，在机组商运后逐步启动在线风险监测器、安全事项重要度确认程序及缓解系统性能指标方面的应用开发工作。

华能石岛湾公司在风险准则研究与运行 PSA 模型开发基础上进行技术规格书优化试点研究，选取蒸汽发生器事故排放系统进行分析，并提出优化建议。下一步将进行高温气冷堆在线风险技术研究，建立实时风险模型和体系，研究在线风险监测与管理顶层技术，开发在线风险监测系统，建立在线风险监测和管理技术应用体系。

（6）营运单位优化对核电工程总承包单位及各级分包单位的管理。

中核集团主要从质保体系完善、质保大纲修订、重要设备全程管控、常规安全质量监督监控等方面落实对在建核电建造质量的管理。江苏核电多次对质保大纲进行修订和升版，对分供方进行监查、日常随机监督、专项监督和计划监督。田湾核电利用总经理协调会、商务协调会等平台解决项目建设过程中存在的突出问题。参加重要项目招标文件的审查，见证重大分包商的选择，不定期实施分包合同管理监察。福清核电针对安全重要设备大宗物件，选择主要设备进行重点监督，梳理并编制了业主单位和总承包单位的责任清单，完善业主安全监管和责任体系，提高了安全监督措施的针对性和可操作性。三门核电加强了对总包和分包的管理，通过程序、合同的形式进一步完善了对总包和分包的要求，还增加了对劳务分包单位的管理。海南核电成立工程重大专项组织，在建造期间对工程总承包单位的质量监督活动包括计划性质量监督、非计划性质量监督。

中广核集团核电厂运营单位对承包商工程公司进行监查活动并发出纠正行动，对控制棒驱动机构安装、主泵水力部件安装、冷试、热试、核回路冲洗、安全壳试验等重大安装活动开展了专项质保监督活动。此外，还与工程总承包商、各级分包单位都逐级签订了年度安全生产责任制绩效合约，公司按照绩效合约要求定期进行评估和考核，提出行为零违规、安全零伤害、质量零缺陷的管理目标，全面落实质量责任制和经验反馈，避免发生设备损坏责任事件。

海阳核电厂制定了《施工现场放射性工作安全管理》《施工承包商分包管理》等程序对工程总承包单位及各级分包单位进行有效管理。为加强放射性污染防治，海阳核电厂与相关单位签订《辐射安全责任书》，明确各方的辐射安全管理责任。海阳核电厂在程序中规定施工现场建安单位的放射性工作必须由具有辐射工作资质的单位及人员完成；放射源的进场、使用、废弃等管理必须符合规定；现场探伤作业必须经过审批；探伤必须设置警戒，边界剂量必须符合要求；探伤作业人员的剂量必须符合要求。

石岛湾核电严格按照程序要求组织潜在供方资格评价，杜绝不满足要求的单位纳入公司供方数据库；加大现场安全监督力度，消除各类违章，将反违章工作贯穿于日检、周检及各类安全大检查过程中。结合实际，经常性地开展作业现场三违整治，形成了周一联合检查的惯例，发现违章通报考核，切实提高现场安全作业水平。

（7）安全稳妥开展"华龙一号"、AP1000、EPR、高温气冷堆调试和试验。

①"华龙一号"。

"华龙一号"是由中核集团和中广核集团在30余年核电科研、设计、制造、建设和运行经验的基础上，研发的先进百万千瓦级压水堆核电技术，充分借鉴了包括AP1000、EPR在内的先进核电技术，充分考虑了福岛核事故后国内外的经验反馈，以"177组燃料组件堆芯""多重冗余的安全系统""能动与非能动相结合的安全措施"为主要技术特征，采用世界最高安全要求和最新技术标准，满足国际原子能机构的安全要求，满足美国、欧洲三代技术标准。"华龙一号"在能动安全的基础上采取了有效的非能动安全措施，以可有效应对动力源丧失的非能动安全系统作为能动安全系统的补充，提供了多样化的手段满足安全要求。

“华龙一号”调试试验分阶段执行：预运行试验阶段（A 阶段）、首次装料、初始临界和低功率试验阶段（B 阶段）、功率试验阶段（C 阶段），“华龙一号”全球首堆——中核集团福清核电 5 号机组完成首次并网，6 号机组主设备已经安装完成，完成穹顶吊装和核回路冲洗等工作。

中广核集团“华龙一号”首堆防城港 3 号机组核岛主设备全部就位，主管道焊接完成，常规岛主设备全部引入完成，4 号机组处于设备安装阶段。中广核集团成立“华龙一号”调试准备专项工作组，防城港核电厂 3 号机组完成调试文件编制及程序审查，开展调试关键技术研究，完成了“华龙一号”示范项目全部调试文件准备包，实现除盐水系统具备供水条件、辅变具备送电条件等调试二级里程碑。惠州项目完成试验导则及调试程序清单出版，完成了多项融合技术方案改进项对调试的影响分析，建立具有自主知识产权的“华龙一号”调试技术体系标准。

② AP1000。

AP1000 是一种先进的非能动型压水堆核电技术，最大的特点就是设计简练，易于操作，而且充分利用了诸多“非能动的安全体系”，进一步提高了核电厂的安全性，同时也能显著降低核电机组建设及长期运营的成本。

AP1000 三门核电一期工程 1 号机组于 2017 年 7 月 28 日向生产整体移交。2018 年 4 月 29 日首次装料，6 月 21 首次临界，6 月 30 首次并网。作为世界首台 AP1000 机组，成功完成了 7 项首堆试验和 2 项首三堆试验，试验结果全部满足要求，充分证明了 AP1000 新设计的可行性。

目前，三门核电一期工程 2 号机组、海阳核电一期工程 1、2 号机组均已建成并网发电。

③ EPR 项目。

EPR 是法国和德国共同开发的第三代核电技术，吸收了过去 40 年国际上积累的压水堆核电机组的运行经验反馈和技术进步，通过降低堆芯熔化和严重事故概率和提高安全壳能力来提高安全性，从放射性保护、废物处理、维修改进、减少人为失误等方面根本改善运行条件，可以满足"加强防范可能损坏堆芯的事件，缓解堆芯熔化的放射性影响"两方面的要求，具有更高的安全性。台山ERP项目1、2号机组已于2018年12月13日、2019年9月7日全部投产，我国已掌握EPR调试技术。

④ 高温气冷堆。

高温气冷堆是一种先进第四代核电堆型技术，具有安全性好、效率高、经济性好和用途广泛等优势。石岛湾高温气冷堆是我国第一座球床型高温气冷堆示范电站，高温气冷堆完成主要系统设备安装，进入全面调试阶段，完成2个核蒸汽供应系统模块的冷态功能试验，正式开始热态功能试验。

（8）开展核电厂选址、保护、复核及社会风险应对。

受日本福岛事故的影响，部分核电厂址由全速推进转入厂址保护阶段，组织安排人员定期对厂址进行巡视，针对巡查中发现的问题及时与地方协商解决，寻求政府部门支持，力求厂址受到保护，不被破坏。同时，组织开展核电公众宣传活动，做好舆论监控及应对，协调各方共同做好核电厂址的保护工作。

目前现有厂址31个，其中正在进行保护的有：徐大堡核电，湖南桃花江，连云港第二核电，淮安盱眙，安徽吉阳，河南南阳，福建莆田，宁德二期，防城港7、8号、惠州太平岭，山东招远，阳西项目，浙江三澳，咸宁项目，安徽芜湖，新疆项目等。

（9）核电安全管理持续加强。

国家发展改革委、国家能源局、生态环境部、国家国防科技工业局联合开展为期一年的"核电安全管理提升年"专项行动，对我国现有在运在建核电安全管理情况进行了一次全面检查评价。检查过程分为企业自查自纠、部门监督检查和行业总结提升三个阶段，主要采取听取汇报、文件查阅、座谈交流、现场检查、随机演习和问卷调查等多种方式，在集团总部及下属核电厂进行。运行机组的检查内容以抓管理为重点，主要针对核安全文化建设、安全生产责任制落实、外部电源可靠性管理、应急柴油发电机可靠性管理、消防能力建设、安全审查及改进情况落实、应急管理体系及响应能力建设等 12 个方面、230 项条目进行检查。在建机组的检查重点在于确保工程建设按照设计要求完成，主要针对工程建设组织管理、调试管理和生产准备、施工安全管理、施工质量管理、建造事件等 9 个方面、69 项条目进行检查。实现了行业大动员、大协作、大交流，全行业安全管理水平得到进一步提升。

在总结核电行业安全管理经验和“核电安全管理提升年”专项行动工作基础上，聚焦核电运行关键环节，进一步加强安全管理，保障核电机组安全稳定运行，促进核电安全高效发展，国家发改委、国家能源局、生态环境部、国防科工局等四部委联合印发《关于进一步加强核电运行安全管理的指导意见》，确保核电运行安全始终处于受控状态，运行安全水平始终保持国际前列并持续提升。核电企业安全管理体系更加完善，安全生产责任制全面落实，安全管理水平持续提升。政府安全管理能力不断提高，核电行业安全管理、核安全监管、核应急响应、核安保能力进一步增强。核电安全得到更加充分、全面、有效的保障。

为进一步加强核电工程建设质量管理，国家能源局、生态环境部联合印发关于《加强核电工程建设质量管理的通知》，确保核电工程建设相关单位质量责任充分落实，保证工程质量，确保核安全。

（10）全面加强安全监管。

国家核安全局修订并发布《核动力厂设计安全规定》，配套开展了相关导则的制修订工作。加快规范性文件的制修订工作，推动核安全监管的法制化和精细化。成立核电厂维修规则工作组，统筹规范国内维修规则相关工作的实施，发布《改进核电厂维修有效性的技术政策》，并在秦山核电厂、大亚湾核电厂和田湾核电站开展第一批试点工作，提高核电厂维修工作的有效性，合理降低维修活动风险。积极研究风险指引型监管方式，持续推进概率安全分析（PSA）的试点工作，批准田湾核电站1、2号机组风险指引型在役检查优化项目和安全系统在线维修项目，后续扩展至相关核电厂运行技术规范优化、定期试验监督要求修改、在线维修中应用。发布《核电厂配置风险管理的技术政策（试行）》，指导核电厂营运单位建立和优化核电厂配置风险管理体系。组织核电厂维修规则、严重事故管理以及核安全文化等同行评估，有效推动营运单位相关工作的深入开展。创新新型核电厂调试的审评和监督模式，严格开展AP1000、EPR、"华龙一号"等核电厂的调试监管工作，强化现场监督，确保审评监督质量，使我国成为世界最先掌握新一代核电厂调试和运行技术的国家。正式启用国家核安全局运行核电厂经验反馈平台，有效运转国家核安全局运行核电厂经验反馈体系，强化运行事件共性问题研究和经验反馈，为运行核电机组的安全运行和持续改进提供支持。在总结高强紧固件事件的经验教训的基础上，组织开展了核电厂紧固件核查工作。开展"核电安全管理提升年"专项行动。

2.《核安全规划》实施主要问题

（1）新堆型机组运行安全面临挑战。

"十三五"期间调试运行的新机型包括AP1000、EPR、"华龙一号"、高温气冷堆等，这些机型和堆型采取了全新的理念和设计，核电安全系统设计发生了一些变化，且"均为"首次建造、调试和运行，没有成熟的运行应用和示范，国际上尚无此类堆型的运行经验可借鉴，部分机组运行后出现运行事件较多，非计划停机停堆事件增多，新堆型机组运行安全面临挑战。

（2）核电厂乏燃料满容问题突出。

目前我国的商用后处理厂尚未落实，核电厂运行产生的乏燃料大部分都暂存在电厂内乏燃料水池中，而乏燃料水池的设计容量有限，不能满足日益增多的乏燃料贮存需求，目前，部分核电基地的乏燃料水池已经满容，处于厂内新旧乏燃料水池倒运境地，增加了核电厂安全风险。“十三五”期间如果不能及时转运或对乏燃料进行干式贮存处理，影响后续核电厂的安全连续稳定运行。

（3）企业核安全责任落实不够，违规造假现象偶有发生。

我国是世界第一大核电建造国，核电的建造质量对核电安全运行起到重要作用，国家历来高度重视核电的建造质量，但从实际情况来看，违规造假事件禁而不绝。“十三五”期间，防城港违规造假事件引起了国家领导人的高度重视，李克强总理对此专门作出批示。违规造假具有方式的多样性、手段的隐蔽性、方法的专业性和影响的长期性等特征，如何贯彻两个“零容忍”、落实核安全责任是我国核安全治理将长期面对的课题。

（4）公众沟通成为难点，涉核项目“邻避”问题需高度警惕。

朝核危机对我国影响仍然存在变数，涉核恐怖袭击的风险仍然存在，核材料、核设施安保体系仍有薄弱环节。在涉核工程建设项目领域，公众的参与欲望愈发强烈，诉求表达也更加激烈，不同利益相关方的关系交错复杂。在社会反核情绪不断高涨，“邻避效应”日益突出的背景下，涉核舆情极易引发社会稳定问题，“十四五”由核安全引发社会稳定风险的情况仍可能发生。

（5）后疫情时代对涉核重大突发事件应急响应能力提出了更新更高的要求。

虽然我国已经历了非典等疫情，积累了应对传染病的经验。但新冠疫情还是对正常的生产生活造成了严重影响。而我国核行业从未遭受过类似考验，一旦核事故发生，政府部门能否高效配合、应急决策指挥系统能否快速响应、应急信息能否迅速公开、应急物资储备是否充足，这都引发了对我国核安全工作的思考，是核安全“十四五”必须回应的问题，因此可以说，新冠肺炎疫情给我国核应急工作敲响了警钟。

3. 建议

（1）压实企业安全责任。

进一步压实核电集团、营运单位、工程总承包单位、设计单位、施工单位、监理单位等单位相应安全责任，压实核电集团的领导责任、营运单位的全面责任、总包单位的质量责任、设计单位的设计质量责任、施工单位的施工质量责任、监理单位的监理责任，并对各自职责承担终身责任。

（2）加强新堆型机组运行安全管理。

加强"华龙一号"、AP1000、EPR、高温气冷堆等新堆型的运行安全管理，组织建立核电集团层面的核电运行技术支援力量，对新堆型机组运行提供有力支持；针对机组运行过程中发现的异常做好应对策略；改进数字化仪控系统，加强经验反馈，将新机组运行中发现的问题及时反馈到后续新机组的设计中；加强核电集团间的经验交流，建立同堆型机组间的运行技术交流机制，确保新堆型机组的运行安全。

（3）加强人因、设备可靠性管理，减少非计划停机停堆。

进一步完善经验反馈和人因管理体系，加强核电厂运行安全风险的识别和控制，促进现场关键重要设备的区域风险管理。加强人员培训，提高技术能力，持续培养良好的人员行为和意识，减少人因失误，避免重大人因事件的发生。建立设备可靠性管理体系，准确、有效识别关键设备，加强设备状态监督，建立挂牌督办机制，做好预防性维修、缺陷处理，减少非计划停机停堆。

（4）加快核电厂乏燃料临时干式贮存。

为避免核电厂乏燃料满容，影响到后续核电厂的安全连续稳定运行。田湾核电、秦山核电、大亚湾核电应加快核电厂乏燃料临时干式贮存；提前谋划，做好与商用乏燃料后处理设施的对接，确保乏燃料厂内安全贮存。

（5）监管能力与核能事业发展不匹配。

核安全监管人员数量和业务素质尚不满足核能快速发展的需求，监督审评能力还要进一步提升。我国核电规模化发展，监管任务日益繁重，核安全监管的新形势和新任务对监管能力提出了更高的要求，而目前在监管人员结构、业务水平、培训机制，以及监督审评手段和装备配置等方面还存在着不足与短板。

（6）做好运行许可证有效期延续。

以《核电厂运行许可证有效期延续的技术政策（试行）》为基础，全面评估秦山 320MWe 机组的安全状况，确定运行许可证延续条件，实施必要安全改进，对大亚湾核电机组开展运行许可证有效期延续前期工作，为后续延续做好准备。

（7）加快放射性废物处置场建设。

加快与核电厂配套的放射性废物处置场选址落实；加大国家层面统筹协调，建立国家层面的协调推进机制，促进处置场早日建成，减少核电厂废物储存安全风险。

第二章　研究堆、核燃料循环设施领域终期评估技术报告

研究堆是用于研究、开发、教育和培训的核反应堆，利用裂变产生的中子或γ射线，进行活化分析、放射性同位素辐照生产、中子束流的应用研究、核燃料和其他材料的辐照性能试验、单晶硅中子嬗变掺杂等。核燃料循环设施是核能开发的重要组成部分，包括核燃料生产、加工、乏燃料贮存和后处理设施，核燃料循环设施具有工艺过程复杂、放射性和化学毒性、核临界安全等特性。《核安全与放射性污染防治“十三五”规划及2025年远景目标》（以下简称“《核安全规划》”）发布实施后，各政府部门和营运单位分工负责，各司其职，密切配合，圆满完成了规划的各项任务，研究堆和核燃料循环设施安全水平持续提高，安全风险有效管控。

1.《核安全规划》实施总体进展情况

截至2020年年底，我国共有民用研究堆19座，其中9座运行（含调试）、1座安全关闭、4座长期停堆，5座未开工运行；共有核燃料循环设施19座，其中铀浓缩设施8座，燃料元件制造设施19座，乏燃料接收与贮存设施1座。具体分布如表2-1和表2-2所示。

表2-1　民用研究堆基本情况

序号	设施名称	营运单位	设计功率	运行情况
1	101重水研究堆	中国原子能科学研究院	10 MW	安全关闭
2	49-2游泳池式反应堆	中国原子能科学研究院	3.5 MW	运行
3	原型微型中子源反应堆	中国原子能科学研究院	27 KW	运行

续 表

序号	设施名称	营运单位	设计功率	运行情况
4	微堆零功率装置	中国原子能科学研究院	—	未开堆运行
5	氢化锆固态临界装置	中国原子能科学研究院	—	长期停堆
6	DF-VI 快中子临界装置	中国原子能科学研究院	—	长期停堆
7	中试厂核临界安全实验装置	中国原子能科学研究院	—	未开堆运行
8	中国实验快堆	中国原子能科学研究院	65 MW	运行
9	中国先进研究堆	中国原子能科学研究院	60 MW	运行
10	屏蔽实验反应堆	清华大学	1 MW	长期停堆
11	5 MW 低温核供热反应堆	清华大学	5 MW	长期停堆
12	10 MW 高温气冷实验堆	清华大学	10 MW	未开堆运行
13	高通量工程试验堆	中国核动力研究设计院	125 MW	运行
14	岷江试验堆	中国核动力研究设计院	5 MW	运行
15	中国脉冲堆	中国核动力研究设计院	1 MW	未开堆运行
16	18-5 临界装置	中国核动力研究设计院	—	运行
17	高通量工程试验堆临界装置	中国核动力研究设计院	—	运行
18	深圳大学微型反应堆	深圳大学	30 kW	未开堆运行
19	医院中子照射器	北京凯佰特科技有限公司	30 kW	运行

表 2-2　我国主要民用核燃料循环设施基本情况

序号	设施名称	营运单位	主要产品形式	目前状态
1	405-1A 工程	中核陕西铀浓缩有限公司	低富集度 UF_6	运行
2	四期引进离心工程	中核陕西铀浓缩有限公司	低富集度 UF_6	运行
3	北区扩建离心工程（一期）	中核陕西铀浓缩有限公司	低富集度 UF_6	运行
4	北区扩建离心工程（二期）	中核陕西铀浓缩有限公司	低富集度 UF_6	运行
5	离心工程	中核兰州铀浓缩有限公司	低富集度 UF_6	运行
6	国产离心机商用示范工程	中核兰州铀浓缩有限公司	低富集度 UF_6	运行
7	铀浓缩三期工程	中核兰州铀浓缩有限公司	低富集度 UF_6	运行
8	铀浓缩四期工程	中核兰州铀浓缩有限公司	低富集度 UF_6	运行
9	化工转换干法生产线	中核建中核燃料元件有限公司	UO_2 粉末	运行
10	粉末冶金生产线	中核建中核燃料元件有限公司	UO_2 芯块	运行
11	燃料元件组装生产线	中核建中核燃料元件有限公司	压水堆核燃料元件	运行
12	IDR 工艺研究及装置生产线	中核建中核燃料元件有限公司	UO_2 粉末	运行
13	核燃料元件生产线扩建技改工程	中核建中核燃料元件有限公司	压水堆燃料元件	运行

续 表

序号	设施名称	营运单位	主要产品形式	目前状态
14	重水堆核燃料元件生产线	中核北方核燃料元件有限公司	重水堆核燃料元件	运行
15	压水堆核燃料元件生产线	中核北方核燃料元件有限公司	压水堆核燃料元件	运行
16	高温气冷堆核电厂示范工程燃料元件生产线	中核北方核燃料元件有限公司	高温气冷堆燃料球	运行
17	压水堆核燃料元件生产线扩建工程	中核北方核燃料元件有限公司	压水堆核燃料元件	运行
18	AP1000 核电厂燃料元件生产线	中核北方核燃料元件有限公司	AP1000 核燃料元件	运行
19	秦山三期乏燃料临时干式贮存设施	中核核电运行管理有限公司	——	运行

1.1　规划目标和指标进展情况

规划目标提出，研究堆、核燃料循环设施安全隐患进一步得到消除，应对自然灾害的能力不断增强，运行安全得到有效保障，环境影响进一步降低，核燃料循环设施避免发生临界事故。《核安全规划》发布后，研究堆实施了安全改进，开展了定期安全审查，加强了老化管理，加强了安全管理，全部处于安全运行或者安全停闭状态。核燃料循环设施实施了安全改进，采取了防六氟化铀泄漏的措施，推进乏燃料安全贮存和处理，未发生放射性物品运输安全事故和临界事故，核与辐射安全可控，保持了良好的安全记录，未对工作人员、公众和环境造成不可接受的核与辐射危害，规划目标圆满完成。

1.2　规划任务措施评估情况

规划重点任务提出强化管控，降低研究堆、核燃料循环设施风险。在研究堆方面，安排了分类管理、编制安全规定、编制审评原则、安全改进和运行事件信息共享等方面的任务。在核燃料循环设施安全方面，安排了安全改进、事故分析、应急支援、剂量管理等方面的任务。在乏燃料安全贮存和处理方面，提出了编制规划、贮存能力建设、后处理厂建设等方面的任务。在放射性物品运输方面，安排了公铁联运、安全监督、实时监控等方面的任务。

1.2.1　消除研究堆安全风险

1.2.1.1　开展安全改造

根据核设施综合安全检查的结论和规划要求，研究堆营运单位开展了一系列安全改造。

原子能院49-2堆开展参数监控系统DCS改造、二次水配电屏和厂房照明系统更新，完成了堆顶结构改造。中国先进研究堆(CARR)完成了堆底小室密封改造，开展了安全棒、控制棒驱动机构改进研究，完成了实保系统、通风系统等部分辅助系统安全改造。中国实验快堆(CEFR)完成了监测系统升级改造、缓发中子探测系统改造、应急电源改造。

核动力院完成高通量工程试验堆控制棒堆内吸收体及部分跟随体改造、加压泵改造，更换部分高压供电系统开关柜、更换蓄电池组，增设一次水临时贮存水箱等；二次冷却水系统更换部分泵及高、低压配电柜；新建投运 35 kV 厂区供电线路及设施设备；完成实物保护保障能力建设项目，建立了完善的实物保护体系；完成核事故应急能力建设项目，完善了指挥决策系统、通信系统、洗消系统、抢险设施、应急监测系统等，形成了完善的核事故应急体系；开展了地质灾害调查与治理等。中国脉冲堆开展二回路安全改造、冷却水池加固项目。新建成投运 110 kV 厂区变电站及输电线路并投运，建成了备用应急通道和桥梁。

清华大学 5 MW 低温供热堆完成核级 UPS 不间断电源、UPS 蓄电池组的更新，循环冷却水系统的改造，针对一些老化的仪表设备进行了更新改造。10 MW 高温气冷堆完成了主氦风机、控制棒检修、氦气安全阀、蒸汽安全阀维修、主给水泵、循环水泵、机冷塔、消防水、化学水等设备的更新改造，正在开展实物保护系统改造。

在完成安全改造的同时，各研究堆按照管理规定要求和年度计划，对系统设备进行了日常维护保养、检修或更新，保持了研究堆的安全水平。

1.2.1.2　开展研究堆定期安全审查

生态环境部（国家核安全局）对我国运行研究堆进行安全再审查。安全审查内容主要集中在研究堆的设计和安全分析、构筑物、系统和部件的实际状态和老化管理、安全性能分析、组织机构和行政管理、程序等安全因素。各研究堆营运单位根据定期安全审查意见，落实安全改进或纠正措施，开展实验验证各系统和设备实际状态良好，其性能满足运行限值和条件的要求。研究堆运行许可证的申请和批复主要情况如下：49-2 堆完成了定期安全审查；DF-VI 快中子临界装置、氢化锆固态临界装置已申请长期停堆；

原型微型中子源反应堆、微堆零功率装置已申请换发运行许可证；高通量工程试验堆、高通量工程试验堆临界装置、岷江试验堆、18-5 临界装置、中国脉冲堆均完成定期安全审查；5 MW 低温堆第二次定期安全审查、中国先进研究堆（CARR）第一次定期安全审查正在进行；10 MW 高温气冷实验堆计划开展第二次的定期安全审查。

1.2.1.3 开展研究堆老化管理

研究堆老化管理的对象是安全重要系统、设备、结构和部件。研究堆运行单位成立老化管理组织，制定老化管理大纲和管理程序，保证其功能满足《研究堆设计安全规定》（HAF201）、《研究堆运行安全规定》（HAF202）、《研究堆的应用与修改》（HAD202/03）及运行限值和条件的要求，反应堆运行安全有保障。原子能院、核动力院、清华大学按照老化管理大纲和管理程序的要求，建立了 49-2 堆、高通量工程试验堆、岷江试验堆、中国脉冲堆、5 MW 低温堆、10 MW 高温气冷堆等研究堆系统设备和构件的老化管理档案，开展了日常维护保养、检修或更新。

中国实验快堆、中国先进研究堆目前处于调试试运行阶段，正在进行老化管理的调研研究，开展了老化设备筛选、管理程序编制、数据收集、趋势分析等工作。

1.2.1.4 加强运行事件信息共享

2016 年报告运行事件 5 起，2017 年报告运行事件 9 起，2018 年报告运行事件 14 起，2019 年报告运行事件 17 起，2020 年报告运行事件 9 起，均未对反应堆厂房外环境造成不良后果，对所有发生的运行事件进行信息公开，推进经验反馈体系的有效运转，强化对重要事件和共性问题的分析和处理力度，持续深化经验反馈工作。

1.2.1.5 加强安全管理

发布《核动力厂、研究堆、核燃料循环设施安全许可程序规定》，规范了研究堆安全许可活动。发布了《研究堆定期安全审查》《研究堆长期停堆安全管理》《研究堆营运单位的应急准备和应急响应》等导则及其配套文件。对长期停运的研究堆，规范了管理程序和基本要求，确保重新启堆前满足安全运行要求。开展小型堆、浮动堆、熔盐堆和加速器驱动嬗变装置等新型反应堆型安全监管要求研究。监督研究堆运行单位开展了单项应急演习和综合应急演习，及时修订核事故应急预案。制定《研究堆运行限值和条件及运行规程》导则，进一步提升研究堆运行限值和条件及运行规程制定的科学性和可执行性。

1.2.2 提高核燃料循环设施安全水平

（1）早期建造的核燃料循环设施安全改进情况。

对早期建造的核燃料循环设施继续开展了安全鉴定、评估和加固工作。

中核陕西铀浓缩有限公司对部分燃料元件制造设施、铀浓缩工程辅助配套等设施鉴定、评估及加固改造，目前完成小压热罐的设计，气态取样线路和气体分装线路正在设计中。

中核兰州铀浓缩有限公司开展了六氟化铀运输容器合规化工作。取得运输容器制造资质，替换300台六氟化铀运输容器，进行六氟化铀铁路运输安全分析报告编制和审评。新建部分核材料运输线，改造部分铁路线，完成厂区供热、供水、通信、调度系统的安全改造。完成了一期工程定期安全审查提出的建筑抗震加固等整改。开展了二期工程进行定期安全审查，并对审查提出的问题进行整改。

中核建中核燃料元件有限公司完成老旧厂房的加固。中核北方核燃料元件有限公司完成老旧厂房替代设施建设，以解决老旧厂房抗震性能不足和工艺设备安全隐患，开展重水堆核燃料元件生产线及铀化工生产线定期评价。

通过一系列的安全改造，早期核燃料循环设施存在的安全隐患特别是重大安全隐患得到了有效治理，核燃料循环设施本质安全得到提高，重大事故风险进一步降低，各核燃料循环设施安全运行，较好地完成了规划目标。

（2）完善防六氟化铀泄漏措施。

中核集团组织开展六氟化铀泄漏事故排查工作，召开了事故经验反馈会，在全系统开展事故经验反馈，对全系统的核安全重要岗位、设备（含六氟化铀操作）进行了梳理，完成了《铀浓缩铀转化工程 UF_6 泄漏事故分析》，对 UF_6 泄漏事故的机理、模型和应对措施进行了深入研究，实施了 UF_6 密封系统安全改进，完善了氟化氢在线监测系统和六氟化铀操作规程，关注倒料安全，推动了贫化 UF_6 再利用和稳定化处理。各浓缩厂对贫化六氟化铀贮存容器进行定期检查，严格执行规程，确保贮存安全。中核建中核燃料元件有限公司提升了 UF_6 泄漏应急处理能力；中核北方核燃料元件有限公司加强了人员授权管理，增加了一个温度测量仪表的高报联锁的触点，增加了气化罐电导率仪高报警联锁点；各浓缩厂定期开展 UF_6 泄漏风险识别活动，对贫化六氟化铀贮存容器进行定期检查，提升应急处理能力，确保核设施运行和贮存安全稳定。

（3）推进乏燃料安全贮存和处理。

截至 2020 年年底，压水堆核电厂累计产生乏燃料 6513 tHM，其中 5957 tHM 贮存在堆水池中，110 tHM 贮存在核电厂内干式贮存设施中，446 tHM 已经运离核电厂贮存或处理。重水堆产生乏燃料 3465 tHM，其中 1276 tHM 贮存在堆水池中，2189 tHM 贮存在核电厂内干式贮存设施中。新建 1200 tHM 水法贮存设施设备安装完成，大亚湾核电厂、田湾核电站厂内 550 tHM 干式贮存能力已建成，并装载乏燃料投入运行。

秦山第三核电厂乏燃料临时干式贮存设施按照"一次规划、分批建造"的方式，共规划建造 18 个模块，满足重水堆全寿期乏燃料管理的需求，目前已有 6 个模块先后建成投运，运行情况良好。

田湾核电站按照"一次规划、分批建设"的原则，先期建成乏燃料干法贮存设施及首批 10 个贮存模块，后续将分批建设。

我国坚持核燃料闭式循环战略，在后处理产业建设方面，基本确定了"中试规模一示范规模一大型商业规模"三个阶段的发展思路。中试厂热调试取得圆满成功，标志着我国掌握了动力堆乏燃料后处理的核心技术，实现了核燃料闭式循环的目标，为中国先进后处理工程技术的开发提供了重要的研究实验平台。2017 年，以 60 吨生产规模的中试厂为基础，中国自主设计的乏燃料后处理示范工程开工建设，预计于 2023 年建成。大型商用后处理厂项目开展了中法合作合同谈判，自主技术研究攻关，厂址比选等前期工作，目前正在编制项目建议书。

（4）严控核燃料循环设施职业照射剂量。

严格按照职业照射管理相关规定，开展放射性工作人员内、外照射个人剂量监测工作，采取切实措施降低照射剂量，持续提升现场辐射卫生水平。“十三五”期间职业照射剂量无超标情况。

1.2.3 放射性物品运输工作顺利开展

我国目前开展的放射性物品运输活动主要包括乏燃料、Ⅰ类放射源、六氟化铀、新燃料等Ⅰ类放射性物品运输和放射性废物运输及其他废旧、在用放射源的运输等。“十三五”以来，积极推动基础能力建设，不断提高和规范运输容器、作业活动、过程实时监控等的安全管控能力，未发生核与辐射安全事件，持续保持安全运输无事故的良好记录。

1.2.3.1 法规和管理体系更加健全

完善放射性物品运输监管法规体系，编制、修订《放射性物品分类与名录》《放射性物品运输安全监督管理办法》《放射性药品配送管理办法》《放射性物品安全运输规程》《放射性物品运输核与辐射安全分析报告书格式和内容》，编制《乏燃料公海铁联运安全分析报告格式和内容》《乏燃料公海铁联运核与辐射安全分析报告书标准格式和内容》《放射性物品运输安全监督检查大纲》《放射性物品运输安全审评大纲》《放射性物品运输容器定期安全性能评价指南》《放射性物品运输货包和运输车辆辐射监测技术指南》《放射性物品安全运输货包的泄漏检验》《乏燃料运输容器结构分析的载荷组合和设计准则》等法规技术标准，进一步规范放射性物品运输管理。

1.2.3.2 打通公—海—铁联运瓶颈

在国务院总体部署下，交通运输部牵头组织有关政府部门和中核、中广核等集团公司积极推进公—海—铁联运体系建设。总体实施方案已获国务院批复，中核集团自筹资金增加乏燃料运输容器保有量，正在开展海运配套设施设备策划设计、铁路运输线路和保障条件研究、综合管理模式研究等基础工作。

1.2.3.3　稳步提高Ⅰ类放射性物品运输容器国产化能力

中核集团具备了六氟化铀、新燃料、Ⅰ类放射源等运输容器设计、试验、制造等国产化能力；乏燃料运输容器的设计能力、试验能力和制造质量不断提升，基本具备了乏燃料大型运输容器国产化能力，"十三五"期末可制造出厂首台核电厂乏燃料运输容器。

1.2.3.4　强化Ⅰ类放射性物品运输的安全保障措施

中核集团正在研制构建能够支撑公路、铁路、海运多模式联合运输的综合平台，可覆盖运输的全过程、全方位和各个环节，实现运输活动的调度指挥、运输过程的远程实时监控、运输装备的智能管理、作业行为的安全监督等功能，提高运输各环节的事故应急响应水平。

1.2.3.5　规范放射性物品运输容器管理和在役Ⅰ类放射性物品运输容器的定期安全性能评价

落实Ⅱ、Ⅲ类放射性物品运输责任，开展Ⅱ类放射性物品运输容器备案，规范Ⅱ、Ⅲ类放射性物品特别是放射性药品的运输活动。规范放射性物品运输容器管理，督促规范六氟化铀运输容器合法合规。中核集团基本建立了六氟化铀运输容器的在役检修和维修能力，正在选址筹建乏燃料运输容器的检修维修厂房，将进一步提高在役Ⅰ类放射性物品运输容器的定期安全评价能力。

1.2.4　安全监管水平逐步提升

发布《核动力厂、研究堆、核燃料循环设施安全许可程序规定》，规范了核燃料循环设施安全许可活动。生态环境部发布规范性文件《民用核燃料循环设施分类原则与基本安全要求（试行）》，印发导则《后处理设施安全设备分级》《核燃料循环设施营运单位的应急准备和应急响应》；制定民用核安全设备—后处理设备目录，将后处理厂有关核安全重要设备纳入核设备管理体系。加快制定乏燃料后处理领域的法规标准，完成《乏燃料后处理设施安全》编制，开展后处理厂流出物和环境监测及后处理设施安全审评关键技术研究。组织开展对相关核设施安全隐患的监督检查。加强了核燃料循环设施运行事件经验反馈，印发《关于加强民用核燃料循环设施运行经验反馈工作的通知》。

2.《核安全规划》实施主要问题

研究堆和核燃料循环设施领域规划整体实施情况良好，规划目标、重点任务和重点工程基本按计划进行，但是也存在着部分重点任务未及时完成的情况，主要表现在以下方面。

（1）部分运行研究堆系统设备老化，长期功率运行存在安全隐患。

我国目前有 9 座民用研究堆建于 1990 年以前（超过 30 年），存在超期服役问题，设计标准、设备性能等与国家现行核安全标准相比差距较大。研究堆的安全改造往往受诸多因素制约，对于不能更新或不易更新的系统设备和构筑物，随着老化程度的逐年增加，功率运行安全风险逐年增大。

（2）研究堆实物保护和核应急缺乏运行经费，能力保持困难。

按照国家标准要求，研究堆厂址陆续建立了实物保护系统和核事故应急响应系统。系统设施设备的维护保养、更新、试验、人员培训、应急演习等需要投入大量资金。研究堆营运单位主要依靠国家财政投入，实物保护和核事故应急响应系统无专项经费支持，难以保证系统长期有效运行。

（3）新型研究堆安全需要高度重视。

小型堆具备功率小、建设周期短、布置灵活、适应性强等特点，得到美国、俄罗斯、日本、韩国等国家的高度重视，我国多用途模块式小型堆科技示范工程已在昌江核电现场开工建设，熔盐堆和加速器驱动嬗变装置等项目也在推进中。小型堆由于自身特点和设计理念，其法规标准、厂址、安全设计、执照申请、设备制造安装、运行人员资质、应急、安全保卫等安全问题与传统大型核动力堆不尽一致，需要进一步研究和明确。

（4）乏燃料离堆贮存能力不足。

"十三五"期间随着核电运行机组的不断运行及新运行机组的增加，现存的乏燃料加上今后产生的乏燃料，到 2020 年累计量预计将达到 1000 t。目前国内部分运行时间较长的核电厂乏燃料水池已近满容，无法继续收贮乏燃料，影响核电厂的安全可靠连续运行。而目前乏燃料离堆贮存能力不足，乏燃料贮存压力将进一步加剧。

（5）商用乏燃料后处理大厂进展较慢。

商用乏燃料后处理大厂的建设已明显滞后于核电发展，不利于我国核能与核技术利用可持续发展，也造成核电厂乏燃料贮存压力加剧。商用乏燃料后处理大厂建设技术难度大、建设调试周期长，亟需推进。目前对法谈判尚未完成，受地方政府支持力度不够等因素影响厂址选址工作尚未完成，项目进展较为缓慢。

3.《核安全规划》实施评估建议

为进一步提高研究堆和核燃料循环设施的安全水平，消除安全隐患，提出如下建议：

针对运行研究堆系统设备老化问题，开展性能评价，采取相应预防和缓解措施，对重要部件和设备进行安全改造或改变运行模式；核行业主管部门加强监督检查并按期组织开展定期安全审查，督促营运单位及时补强检查弱项。

针对研究堆实物保护和核应急缺乏运行经费问题，核行业主管部门组织开展评估，确定稳定的经费投入渠道，确保系统设备功能正常和运行队伍稳定。

针对小型堆安全问题，需要进一步完善相关法规标准体系，整合国内资源，联合推动小型堆关键问题研究，加强技术能力储备，捋顺监管机制，明确监管方式和流程。

针对乏燃料贮存及商用乏燃料后处理大厂进展缓慢的问题，一要制定乏燃料处理的整体规划，完善乏燃料后处理的政策制度；二要在乏燃料后处理中间试验厂运行和后处理示范厂建设的基础上，积累经验，加强技术研发，自主掌握后处理大厂关键技术，后处理科研专项已于 2017 年批准实施；三要继续加强国际合作，加快推进中法合作谈判；四要按照初步选址情况加强与地方政府的沟通协调，尽快确定建设厂址，并开展建设；五要鉴于商用后处理大厂建设运行时间不确定等实际情况，明确乏燃料干法贮存政策，参照秦山和田湾的实践经验，适当开展乏燃料干法贮存。

第三章　核技术利用领域终期评估技术报告

随着我国经济社会和科学技术的高速发展，核技术在医学、工业、国防、农业、交通、科研、环境保护和公共安全等领域的应用日益广泛，“十三五”期间我国核技术利用单位数量、在用放射源数量较“十二五”时期增长超过 20％。《核安全与放射性污染防治“十三五”规划及 2025 年远景目标》（以下简称“《核安全规划》”）实施以来，生态环境部（国家核安全局）组织全国各级生态环境部门开展全国放射源安全检查专项行动，推动全国高风险移动放射源实现实时在线监控。全国辐射事故发生率进一步降低，废旧放射源 100％安全收贮。核技术利用领域法规制度更加完善，辐射安全监管信息化水平进一步提升，废旧放射源收贮和再利用取得突破性进展。

一、《核安全规划》实施总体进展情况

（一）目标指标

规划提出的核技术利用领域的目标和指标已全部完成。“十三五”末，全国核技术利用单位共 8.0 万家，在用放射源 14.9 万枚、各类射线装置 20.5 万台（套）。“十三五”期间，我国放射源辐射事故平均发生率约为每年 0.38 起/万枚，比“十二五”期间 0.80 起/万枚，下降了约 52.5％。未发生重大、特别重大辐射事故。废旧放射源安全收贮率（含返回原生产单位）达到 100％。

1. 加强辐射安全监管，放射源辐射事故年发生率下降明显

（1）事故的年度分布。辐射事故的发生数量在年份上总体呈下

降趋势。2016 年发生 9 起，2017 年发生 4 起，2018 年发生 3 起，2019 年发生 5 起，2020 年发生 5 起。“十三五”期间辐射事故数明显低于“十二五”期间情况，体现了我国核技术利用行业的逐步规范和辐射安全监管的逐渐加强（见表 3-1）。

表 3-1 2016—2020 年我国辐射事故概况

序号	省份	时间	事故级别	事故概况	主要后果
1	广西	2016 年	一般辐射事故	某医院丢失 1 枚 V 类铯-137 放射源	放射源未找回
2	上海	2016 年	一般辐射事故	某钢铁公司丢失 1 枚存贮在该公司源库中的Ⅳ类铯-137 放射源	放射源未找回
3	天津	2016 年	较大辐射事故	某辐照公司 2 名外聘人员进行机电维修时，误入加速器辐照室（Ⅱ类射线装置），造成 2 名维修人员受超剂量照射	造成 2 人中度急性放射病
4	新疆	2016 年	一般辐射事故	某焦煤公司丢失 1 枚Ⅳ类铯-137 放射源	放射源未找回
5	新疆	2016 年	一般辐射事故	某糖业公司丢失 1 枚Ⅳ类铯-137 放射源	放射源未找回
6	吉林	2016 年	一般辐射事故	某石油测井公司丢失 1 个铟-113 放射性同位素发生器	同位素发生器未找回
7	广西	2016 年	一般辐射事故	某建材厂丢失 1 枚 V 类铯-137 放射源，放射源用途为料位计	放射源未找回

续　表

序号	省份	时间	事故级别	事故概况	主要后果
8	山西	2016年	一般辐射事故	某地质勘探公司开展煤田测井作业过程中，1枚Ⅳ类铯-137测井放射源卡源，最终进行封井处理	放射源落井，未打捞成功
9	上海	2016年	一般辐射事故	某医院丢失1枚锶-90敷贴源	放射源未找回
10	陕西	2017年	一般辐射事故	某煤业公司丢失一台核子秤（内含1枚Ⅴ类铯-137放射源）	放射源未找回
11	天津	2017年	一般辐射事故	某石油公司在海洋石油平台作业时，一台中子发生器（含1枚Ⅴ类氢-3放射源）卡在井下3515 m处。最终决定放弃打捞，采取封井措施	放射源落井，未打捞成功
12	山西	2017年	一般辐射事故	某选煤厂丢失1枚Ⅳ类Am-241放射源和1枚Ⅴ类铯-137放射源，放射源用途为皮带在线测灰仪	放射源未找回
13	山东	2017年	一般辐射事故	某测井公司在海上测井平台进行测井作业时发生中子发生器（含1枚Ⅴ类氢-3放射源）遇阻事件，放射源落井后作封井处理	放射源落井，未打捞成功

续 表

序号	省份	时间	事故级别	事故概况	主要后果
14	山东	2018 年	一般辐射事故	某造纸公司丢失 2 枚在车间放射源暂存库中存放的Ⅴ类氪-85 放射源	放射源未找回
15	内蒙古	2018 年	一般辐射事故	某地矿勘探队开展煤矿钻井作业时，1 枚Ⅳ类铯-137 放射源落井，打捞未成功	放射源落井，未打捞成功
16	新疆	2018 年	一般辐射事故	某建材公司丢失 1 枚立窑生产线使用的铯-137 放射源，放射源类别不详	放射源未找回
17	浙江	2019 年	一般辐射事故	某塑胶公司的 1 台流延机（含 1 枚Ⅴ类氪-85 放射源）经转手后拆解，所含放射源被投炉熔炼	放射源未找回
18	福建	2019 年	一般辐射事故	某检测公司使用 γ 射线探伤机（内含 1 枚Ⅲ类铱-192 放射源，实时活度约 3.43 E+11 Bq）完成探伤作业后，未按要求妥善看管探伤机，导致探伤机丢失，报警后于当日找回	放射源已找回，未对人员和环境造成影响
19	山东	2019 年	一般辐射事故	某石油服务工作在海上石油钻井平台作业时，发生测井用中子发生器遇阻事件（含 1 枚Ⅴ类氢-3 放射源），最终进行封井处理	放射源落井，未打捞成功

续　表

序号	省份	时间	事故级别	事故概况	主要后果
20	山东	2019年	一般辐射事故	某特种设备检验检测有限公司违规使用未经辐射安全培训的人员，处理γ射线探伤机卡源（内含1枚Ⅱ类铱-192放射源，事故时活度约2.14 E+12 Bq），致使其受到超剂量照射	放射源失控致使1人受到超剂量照射
21	青海	2019年	一般辐射事故	某石油测井有限公司井测井作业的三枚放射源落井（1枚Ⅳ类铯-137放射源；2枚Ⅴ类铯-137放射源），并最终放弃打捞做封井处理	放射源落井，未打捞成功
22	黑龙江	2020年	一般辐射事故	某煤炭公司丢失1枚固定于洗煤传送带上的Ⅴ类铯-137放射源，放射源用途为密度计	放射源未找回
23	宁夏	2020年	一般辐射事故	某检测技术公司违规出借探伤资质、辐射安全许可证和γ射线探伤机（内含一枚Ⅱ类铱-192放射源），给受辐射安全培训的人员使用。造成γ射线探伤机操作失误，致三人受到超剂量照射	放射源失控致使3人受到超剂量照射

续 表

序号	省份	时间	事故级别	事故概况	主要后果
24	黑龙江	2020 年	一般辐射事故	某煤炭公司丢失 2 枚存放在公司仓库中Ⅳ类铯-137 放射源，放射源用途均为核子秤	放射源未找回
25	新疆	2020 年	一般辐射事故	某破产倒闭水泥公司，丢失 1 枚Ⅴ类铯-137 放射源	放射源未找回
26	山西	2020 年	一般辐射事故	某洗煤厂丢失 1 枚Ⅳ类镅-241 放射源，放射源用途为灰分仪	放射源未找回

（2）事故数量与发生率。2016—2020 年，我国共发生辐射事故 26 起，平均每年 6.25 起，见表 3-2。以每年年底统计的在用放射源为基数分别估算事故发生率，2016 年放射源辐射事故发生率为 0.71 起/万枚，2017 年放射源辐射事故发生率为 0.30 起/万枚，2018 年放射源辐射事故发生率为 0.21 起/万枚，2019 年放射源辐射事故发生率为 0.34 起/万枚，2020 年放射源辐射事故发生率为 0.34 起/万枚。总体来讲，2016—2020 年，我国放射源事故平均发生率约为每年 0.38 起/万枚，比“十二五”期间放射源事故平均发生率 0.8 起/万枚，下降了约 52.5%。

表 3-2 2016—2020 年间我国辐射事故发生情况表

	2016 年	2017 年	2018 年	2019 年	2020 年
辐射事故（起）	9	4	3	5	5
在用放射源总数（枚）	12.7	13.5	14.2	13.6	14.9
放射源辐射事故年发生率（起/每万枚）	0.71	0.30	0.21	0.34	0.34

(3)事故的地区分布。2016—2020年各省、自治区、直辖市辐射事故发生情况见表3-3，各地社会经济发展不均衡，拥有放射源数量的差异较大，事故多发的省份，其事故的发生率并不一定高，因此，不能仅以单一的辐射事故数量来判定某省的辐射安全监管水平。

表3-3　2016—2020年各省（区、市）辐射事故统计

省份	数量（起）	省份	数量（起）	省份	数量（起）	省份	数量（起）
天津	1	山西	3	吉林	1	上海	2
山东	4	广西	2	陕西	1	新疆	5
内蒙古	1	浙江	1	福建	1	青海	1
黑龙江	2	宁夏	1				
合计	26						

(4)事故类型。2016—2020年发生的辐射事故除1起为射线装置误照事故，其他均为放射源丢失、被盗、失控事故。发生事故的单位大多为小型放射源使用单位和地质测井单位，使用在如"三计"(料位计、密度计、厚度计)等小型核子仪上的Ⅳ类、Ⅴ类放射源，或工业探伤、石油测井移动使用放射源。

(5)事故等级。从事故等级来看，1起事故为较大辐射事故，25起事故为一般事故，未发生特别重大、重大级别的辐射事故。

(6)事故后果。从事故造成的后果来看，3起辐射事故造成了人员辐射损伤后果，23起事故未造成确定的辐射后果，事故均未造成环境放射性污染。

(7)各领域分布与原因分析。放射源广泛应用于工业、地质勘探、医疗等领域，事故主要发生在核子仪、放射性测井、工业探伤、工业辐照领域，共24起，医疗应用领域2起，见表3-4。

表 3-4 2016—2020 年辐射事故发生领域一览表

辐射源应用领域	类型	事故数量
工业应用	核子仪	13
	放射性测井	7
	工业探伤	3
	工业辐照	1
医疗应用	含源设备	2
总计	26	

核子仪应用中发生的事故最多，共 13 起，这些事故单位大多为水泥建材企业。由于产能相对过剩和产业结构调整，一些小型的水泥生产单位关、停、并、转，产生的闲置和废旧放射源较多，管理松懈时容易发生事故。料位计、核子秤、灰分仪等核子仪具有易拆卸、可移动等特点，容易丢失、被盗。

事故在各类应用中的分布表明，核子仪、放射性测井等应用中发生的事故是我国近年来辐射事故的主要组成，也是加强辐射安全监管、降低事故发生率应关注的主要方面。

2. 废旧放射源安全收贮率（100%）

闲置、废旧放射源实现 100%安全收贮。推动闲置、废旧放射源返回原出口国、送贮或回收，废旧放射源安全收贮率（含返回原生产单位）达到 100%。截至 2020 年 12 月底，各省、自治区、直辖市城市放射性废物库已收贮废旧放射源 56 561 枚，已转运或收贮至国家放射源集中暂存库及由生产厂家回收的废旧放射源共 146 648 枚，另已完成 18 000 余枚放射源的处置前整备。协调推动军队废旧放射源处理处置。

为贯彻落实国务院切实减轻企业负担、促进实体经济发展相关精神，下发《关于做好放射性废物（源）收贮工作的通知》，强调严格执行停止征收城市放射性废物（源）送贮费的政策，减轻企业负担，进一步提高企业送贮废旧放射源的积极性；同时要求严格执法，督促相关单位按照法规要求做好回收、送交和收贮工作。

（二）主要任务及完成情况

1. 全国放射源安全检查专项行动圆满完成

2016 年 9 月至 2017 年 8 月组织开展全国放射源安全检查专项行动。专项行动期间，共组织动员全国环保系统辐射监管人员 5.6 万人次，检查放射源生产、销售和使用单位 10 750 家，警示约谈存在问题的单位 362 家，立案处罚 201 家，吊销辐射安全许可证 27 家，共处罚金 620 余万元，集中收贮废旧、闲置放射源 3 596 余枚。专项行动成果丰硕，实现了预期目标。

此次专项行动对全国放射源现状进行了全面的梳理再核实，排查出 8000 多项辐射安全问题并全部完成整改，妥善处理历史遗留废旧放射源，基本消除了高校及科研院所的辐射安全隐患，提高了国家辐射安全管理系统数据质量，促进了全国辐射安全监管的规范化建设，进一步提升了全国放射源安全水平。

2. 持续优化放管服，推进放射性药品行政审批改革

优化放射性药品的管理，将放射性药品及其原料的进口和转让审批有效期由 6 个月延长至一个自然年。在此基础上，为贯彻国务院简政放权有关精神，促进放射性药品辐射安全监管流程精细化、科学化，使放射性药品更好地为公众服务，2020 年 3 月，将放射性药品进出口纳入"一网通办"，方便申请单位不必再提交纸件资料，全程线上办理，并将审批结果及时告知申请方。印发《关于明确核技术利用辐射安全监管有关事项的通知》（环办辐射函〔2016〕430 号），详细规定了不同种类的放射性药品生产和使用场所的管理要求，进一步规范放射性药品的管理。修订《建设项目环境影响评价分类管理名录》，将使用碘-125 密封粒子源场所的环评等级由

报告表调整为登记表。

推动有关部门进一步细化对放射性药品运输管理。联合交通运输、公安等部门在《危险货物道路运输安全管理办法》（交通运输部令 2019 年第 29 号）中，将诊断用放射性药品的道路运输安全管理从危险货物中豁免。经过深入研究，提出放射性药品运输管理对策和方案。摸清放药运输现状和问题，修订《放射性物品分类和名录》，正在组织征求意见。进一步研究细化管理措施，既控制配送活动风险，又方便运输活动开展，促进放射性医疗行业健康发展，组织研究制定《放射性药品配送管理办法》。

3. 完善核技术利用法规标准体系

开展《放射性同位素与射线装置安全和防护条例》十年评估，推动条例与配套规章修订工作；发布《射线装置分类》的公告，细化和优化Ⅰ、Ⅱ、Ⅲ类射线装置分类原则，对符合豁免条件、安全性较高的射线装置开展使用豁免。将质子重离子治疗装置调整为Ⅰ类射线装置，增加了人体安全检查用 X 射线装置、离子注（植）入装置、电子束焊机等射线装置的类别，对自屏蔽式 X 射线探伤装置、公共场所柜式 X 射线行李包检查装置、对电子束焊机的生产和使用行为进行区分管理。修订《建设项目环境影响评价分类管理名录》，优化辐射安全管理层级；在放射性药品、聚变装置、辐照装置、城市放废库等领域制定标准、导则或规范性文件。

4. 提升核技术利用监管信息化水平

“十三五”期间，生态环境部组织开展 2 次国家核技术利用辐射安全监管系统升级改造。新版管理系统重建了系统数据基础和模式，使用了更安全的大型数据库，为实现大数据共享和打破信息孤岛，预留了环保系统内及多部门数据交互的接口。监管系统于 2018 年融入生态环境部“互联网＋政务服务”平台，为提高审批效率规范做好技术准备，为进一步落实国务院简政放权、放管结合、优化服务的要求提供全新保障。完成监管系统 App、放射性同位素进出口"一网通办"模块、许可证申请及放射性同位素业务办理模块的开发（或升级），于2020年2月正式线上运行，初步形成了"审批＋监管"，全国"一张网"的"互联网＋"辐射安全监管新格局。

与已建立核技术利用信息化管理系统的10个省份展开对接工作，完成北京、上海、江苏、广东的对接工作。与商务部完成系统数据双向交换合作。组织制定《环保部放射性同位素进口审批管理系统与商务部两用物项和技术进口许可证签发系统联网技术方案》，完成相关系统的技术改造和联调测试，现已投入试运行。此次合作将进一步提高放射性同位素进口管理的信息化水平，推动两部系统数据对接，实现放射性同位素进口审批单电子数据、许可证签发数据和海关反馈数据的双向交换。与生态环境部内的生态大数据平台、核安全资源目录、核与辐射事故应急平台、国家辐射职业照射信息系统实现互联互通。

5. 强化高风险移动源辐射安全监管

加快高风险移动源在线监控系统建设，完成全国高风险移动源在线监控系统平台开发、上线部署工作。发布高风险移动源数据传输协议《高风险移动放射源在线监控平台数据归集规则》（环办辐射〔2019〕37号），推动各省移动源在线监控数据接入我部平台，广东、福建、四川等省份将RFID射频识别、GPS/GRS追踪、视频监控技术和移动通信技术相结合，用于移动源在线监控，有效提升了移动源辐射安全监管水平。目前，全国高风险移动源在线监控系统平台已融入国家核技术利用辐射安全监管系统，实现移动监控数据与监管数据互联互通。

制定高风险移动源相关管理规定，规范高风险移动源辐射安全监管。发布《关于进一步加强γ射线移动探伤辐射安全管理的通知》等管理文件，规范移动探伤单位异地开展探伤作业，明确作业地生态环境部门监管职责。制定《放射性测井辐射安全与防护技术规范》，规范放射性测井辐射安全管理及测井用放射源贮存、运输。

6. 加强对大型科研加速器装置、质子重离子等医疗装置以及使用Ⅰ类源的辐照装置的安全管理

发布《电子加速器辐照装置辐射安全和防护》（HJ979—2018）、修订《γ辐照装置设计建造和使用规范》（GB/T 17568—2019），使各级生态环境部门在辐照用加速器、辐照装置监管方面有了规范的依据。发布《关于磁约束聚变实验装置辐射安全管理有关事项的通知》（环办辐射函〔2016〕1670号），规范大型实验装置的管理。为加强和规范对大型科研加速器装置、质子/重离子等医疗装置的监督管理，制定了适用于磁约束聚变实验装置、散裂中子源和质子/重离子治疗装置的3项监督检查技术程序，并作为国家核安全局核与辐射安全管理体系第三层级程序发布实施。

7. 加强废旧放射源辐射安全管理

不断完善废旧放射源法规标准，发布核安全导则《城市放射性废物库安全防范系统要求》（HAD802/01—2017）、《关于加强核与辐射安全监管能力建设工作的通知》（环办辐射函〔2017〕1593号），指导各省城市放射性废物库安全防范系统升级改造、形成高风险移动放射源实时监控能力。推进各省城市放废库安保升级工作，安排资金对宁夏、吉林、西藏、湖南、贵州和青海6个省份城市放射性废物库进行安保系统升级改造。其中，山东省建设了“智慧废管”App，实现全流程废旧放射源手机终端办理功能。完成新疆、西藏等省份城市放射性废物库废源治理工作。

针对放射源安全检查专项行动中发现的实际在库废旧放射源数量与国家核技术利用监管系统中数目相差甚远、编码混乱等问题，生态环境部发布《关于完善国家核技术利用辐射安全管理系统中废旧放射源信息的通知》（环办辐射函〔2019〕19号）开展废旧放射源数据专项清理活动，推动废旧放射源账物相符。为城市放射性废物库废源治理及废旧放射最终处置工作奠定基础。

8. 推动高风险放射源生产单位配套建设废旧放射源长期贮存设施

加强对高风险放射源生产单位的安全管理力度。目前我国高风险放射源生产单位有2家，分别为中国原子能科学研究院和成都中核高通同位素股份有限公司。生态环境部对中核高通股份有限公司组织开展辐射安全评估，对该单位的放射源生产线与贮存设施的辐射安全展开全面检查，督促该单位不断改进放射源生产、贮存设施，提升了本质安全水平；对中国原子能科学研究院的高风险放射源生产线采取限产措施，并要求该单位逐年减少高风险放射源的产量，不断推动该单位异地建设放射源生产线与放射源贮存设施。

9. 完善废旧放射源循环再利用、收贮、处理处置辐射安全管理

积极推动废旧放射源回收再利用，开展废旧放射源回收再利用可行性和已收贮入库的废旧放射源再利用的问题研究，开展废旧放射源的再利用相关技术要求和管理对策研究。组织技术人员赴美参加废旧放射源处置及整备技术研讨。批准原子高科股份有限公司开展废旧镅-241/钚-238低能光子源和锎-252中子源回收再利用工作。

10. 开展废放射源近地表处置接收准则、整备标准及处置安全研究

生态环境部于2019年批准了1万多枚铱-192、硒-75等短半衰期放射源进行处置前整备，开展《废源近地表处置接收准则》研究工作。

11. 完善废旧金属回收熔炼辐射安全管理

制定并发布《废旧金属熔炼企业放射性监测工作监督检查技术程序》，通过监督检查指导辖区内金属冶炼厂落实《放射性同位素与射线装置安全和防护条例》相关规定，在回收冶炼废旧金属时采取必要的监测手段，防止放射性物质熔入产品中。

二、《核安全规划》实施主要问题

（1）部门间协调需进一步加强。放射性同位素与射线装置的管理涉及公安、卫生、交通运输、海关、质检等多个部门。由于与质检、卫生等协调机制不畅通，导致废旧金属再利用的制品产品验收标准中加入放射性指标等问题推进缓慢。

（2）高风险放射源生产单位配套建设废旧放射源长期贮存设施进展缓慢。由于废旧放射源长期贮存设施的建设不能在短期内得到经济回报，且需要较大的投入，放射源生产单位存在重销售、轻回收、重眼前利益、轻长远效应的思想，对放射源收贮工作不够重视，建设废旧放射源长期贮存设施的意愿不强烈。由于高风险放射源生产单位处于行业垄断地位，协调、推动相关工作也有一定难度。

（3）法规制度不适应监管和行业发展的现象日渐显现。《放射性同位素与射线装置安全和防护条例》自 2005 年颁布以来，核技术利用产业发展迅速，辐射安全监管不断发展，法规制度不适应监管和行业发展的现象逐渐显现。一是随着地方辐射安全监管能力的建设，以及核技术利用单位数量的不断增加，大部分省级生态环境部门已经将使用Ⅳ类、Ⅴ类放射源和Ⅲ类射线装置单位的辐射安全许可证颁发、监管权限委托至地市级，但目前法规中规定仍为“两级发证”，导致监管责权利难以统一。二是近年来信息化对监管的支撑作用不断凸显，然而“国家核技术利用辐射安全管理系统”“全国高风险移动源在线监控系统”等信息系统的使用缺乏法律依据，对进一步发挥大数据对决策、监管的支持存在影响。三是随着行政执法制度的不断完善出现了“双罚制”“按日计罚”等好的实践，目前尚无法在核技术利用行业实施。

（4）高风险源、射线装置的辐射事故时有发生。虽然“十三五”期间辐射事故的数量明显降低，而核子仪、放射性测井、工业探伤仍然是辐射事故发生数量最多的应用领域，工业探伤、工业辐照仍然是造成人员辐射损伤最多的领域，辐射事故高发领域和高风险领域没有改变。特别是近年来在工业探伤、加速器辐照领域发生了数起情节较为恶劣的事故，造成了多人辐射损伤。反映出行业整体安全意识和安全文化水平有待提升，辐射安全科普还要加强。医疗机构、个人剂量监测机构和监管部门之间的信息报送和协作机制有待进一步完善。

（5）放射性废物（源）收贮工作存在权责不明等问题。《关于做好放射性废物（源）收贮工作的通知》下发后，各省城市放射性废物库开始免费收贮放射性废物（源），在提高核技术利用单位安全送贮废旧放射源、消除安全隐患的同时，也为放射源收贮工作带来一定的困惑：放射性废物（源）收贮工作涉及废物（源）的整备、运输、贮存多个环节，目前没有法规标准规定这些环节是属于送贮单位还是收贮单位的责任。放射性废物（源）最终处置工作尚未取得实质性进展。

（6）基层监管能力不足。随着中央简政放权工作的不断深入，更多的辐射安全管理工作都下放到地市级及以下生态环境部门。但在实际工作中，基层监管能力与辐射安全监管工作职责不完全匹配。通过多年的监管实践，基层监管执法人员工作能力有了很大进步，但专业素养还有很大差距。地市级及以下生态环境部门辐射安全监管机构不健全，专业人员少，人员流动较快，大部分人员为兼职人员，都是通过短期培训、工作实践和自学提高自己的业务水平，专业深度较浅，对法律法规运用还不熟练。应进一步加强基层辐射安全管理队伍建设，强化辐射安全监管能力建设。

（7）大型射线装置监管能力有待提高。随着我国经济社会的发展，各科研院所建设以磁约束聚变装置、同步辐射光源为代表的大型实验装置数量越来越多，各地医疗机构逐步开始规划建设质子/重离子治疗装置。这些大型射线装置比起常规核技术利用项目的技术复杂程度高，对于监管、审评人员的专业化程度要求更高。而目前的辐射安全监管人员与技术审评人员中有大型射线装置相关学习、工作经历的人员数量非常少，不能满足未来大型射线装置快速增长带来的辐射安全监管需求。

（8）放射性药品运输监管亟需进一步优化。八部委联合发布的《医用同位素中长期发展规划（2021—2035年）》预测，未来5至10年我国医用同位素需求将呈现爆发式增长。然而目前放射性药品运输领域仍然存在相关部门管理办法不衔接的情况，放射性药品及短半衰期放射性同位素的配受到公路、铁路、航空、航海运输等部门相关资质审批的限制，以及相关基础设施建设滞后的影响，制约了放射性药品区域配送。违规使用无资质车辆配送及快递配送放射性药品的事件时有发生。

三、《核安全规划》实施评估建议

（1）进一步加强部门间协调。建议在今后的放射性同位素与射线装置的管理及相关法规标准制修订工作中，加强部门间协调沟通，发挥各领域优势做好放射性同位素与射线装置的管理工作。

（2）进一步推动高风险放射源生产单位配套建设废旧放射源长期贮存设施。对于贮存设施不能满足要求的生产单位采取限产等措施，推动其新建废旧放射源长期贮存设施，或对已有贮存设施进行技术改造，以保障钴-60等废旧放射源回收后的长期安全。

（3）继续推进《放射性同位素与射线装置安全和防护条例》等法规修改。《放射性同位素与射线装置安全和防护条例》十年评估的成果，推进《放射性同位素与射线装置安全和防护条例》及配套2部门规章的修订。强化核技术利用监管信息化，进一步加强分级分类审批，加强高风险领域的监管，优化低风险领域的审批等。开展《放射性污染防治法》修订前期调研工作，争取启动《放射性污染防治法》修订。持续完善核技术利用辐射安全监管标准体系。

（4）持续加强对高风险源、射线装置的监管。通过修订伽马射线探伤机等标准和支持相关研究，提升探伤机固有安全性。将高风险移动源定位系统的应用与日常监管紧密结合。推动现有工业辐照加速器改造达到符合现有标准。强化核技术利用单位主体责任，组织对核技术利用辐射安全监督检查技术程序再次修订完善，鼓励在部分行业开展辐射安全标准化建设，提升企业自身安全管理水平。

（5）进一步细化放射性废物（源）管理。建议出台符合新形势的放射性废物（源）管理要求和收贮规范，明确送贮单位和收贮单位的权责，规定放射源返回生产厂家（产源国）与城市放废库收贮的范围。加快推动废旧放射源最终处置，推动废旧铱-192和硒-75源（含无法解控的钴-60等杂质）作为放射性废物完成最终处置。组织开展废旧放射源近地表处置接收准则相关标准研究。

（6）进一步加强基层辐射安全管理队伍建设，强化辐射安全监管能力建设。推动地市级生态环境部门设立辐射安全管理机构，配备专业辐射安全管理人员，加强监管人员的辐射安全业务培训，以满足监管职权下放的要求。

（7）加强大型射线装置监管能力。建立大型射线装置监管、审评的专门化技术团队，与运行大型射线装置的高校、科研院所联合培养监管技术人员。参照核设施的监管模式从大型射线装置的环评、建设、调试阶段介入装置的辐射安全管理工作，提升辐射安全监管人员对大型射线装置监管能力。

（8）进一步优化放射性药品运输监管。积极协调相关部委，在《危险货物道路运输安全管理办法》（交通运输部令2019年第29号）的基础上。深度研究放射性药瓶及其他短半衰期放射性同位素的运输风险，借鉴国际通行惯例，积极推动出台新版《放射性物品分类和名录》等制度，优化运输监管。针对不同类型放射性药品的特点，研究制定配送管理办法，在有效控制配送活动风险的同时，促进行业健康发展。

第四章　铀矿冶领域终期评估技术报告

《核安全规划》实施五年来，铀矿冶领域在辐射防护和环境保护方面取得了较好的成绩，铀矿冶企业周围环境质量良好。《核安全规划》在铀矿冶领域实施总体顺利，目标基本达到进度要求，重点任务和重点工程完成情况良好，部分目标和任务完成存在一定困难和问题。

一、规划目标进展情况

《核安全规划》提出，基本完成2010年前关停的铀矿山的退役治理和环境恢复工作，全面完成重点地区历史遗留铀矿地质勘探设施的环境治理。

1. 铀矿冶设施退役治理工作有序推进

2010年前关停的铀矿冶设施共计42个，截至“十三五”末已完成37个，剩余5个铀矿冶设施的退役治理项目已批复立项，正在实施过程中，预计在下一个规划期间的前两年内2010年前关停的4个铀矿冶设施可以基本完成治理，但部分设施与周围居民存在纠纷问题，或者存在技术瓶颈，导致治理的完成时间不一。其中，某尾矿库的治理由于施工周期长，预计在“十四五”规划末期才能完成治理。

2. 铀矿地质勘探设施退役治理工作有待加强

位于敏感地区的438个历史遗留铀矿地质勘探矿床（点）中，已完成127个矿床（点）的退役治理。其余311个矿床（点）的退役治理项目正在开展项目申报或者项目前期工作，在2020年底前没有完成全部治理工作，需加快治理进度。

二、重点任务实施情况评估

1. 全面加强铀矿冶排放管理和辐射防护

《核安全规划》要求优化铀矿冶生产"三废"处理技术和废水排放管理。落实铀矿冶企业监测责任，加强企业流出物和周边环境监测。加强地下铀矿山在役矿井通风，完善防尘降氡措施，开展井下消防系统等安全改造，提高铀矿山和在役矿井的安全性。强化铀矿冶辐射防护最优化管理，规范职业照射剂量管理措施，铀矿冶个人职业照射剂量不断降低。

(1) 优化排放管理，落实铀矿冶企业监测责任。

各铀矿冶企业进一步优化废水、废气及尾矿渣等废物排放管理工作，铀矿水冶工艺废水重复利用率达到75%以上，各单位三废处理设施正常运行，流出物排放满足国家有关标准要求，"十三五"期间周边环境质量未受到明显影响。

各铀矿冶企业按照本单位的环境监测计划开展流出物和环境监测工作，并将监测结果定期上报给生态环境部等有关生态环境部门。中国铀业有限公司组织各铀矿冶企业开展环境监测人员培训，提高监测技能，实现培训考试合格后持证上岗。加强各单位环境监测能力建设，各单位加大投入，更新环境监测仪器设备，提高监测能力，部分铀矿冶生产企业取得实验室资质认证。

(2) 开展地下铀矿山在役矿井通风及井下消防系统等安全改造。

截至目前，中国铀业有限公司地下铀矿山生产企业只保留了韶关锦原铀业公司（棉花坑矿井）。锦原铀业加强日常通风管理，结合生产变化形成有效通风网络，坚持开展日常监测，强化局部通风管理，及时封闭采空区，持续对通风存在问题的区域进行通风系统改造，井下粉尘、氡及其子体满足国家有关标准要求。锦原铀业坚持全面排查，开展重点管控，着重加强电气设备、电缆等场所的井下消防工作，及时进行检查、检修，对非阻燃电缆和风筒进行更换，提高消防本质安全度。

（3）开展地浸采铀矿山地下水污染防治。

地浸采铀过程中，通过采用确保钻孔施工质量、保持抽液量大于注液量等技术措施和管理措施将地浸采场的溶浸液控制在一定范围内，防止了溶浸液对周围地下水的影响。通过各地浸单位监测数据可知，各生产地浸铀矿山地下溶浸液受控，未对环境造成影响。

为加快地浸采铀矿山地下水修复，中国铀业有限公司开展了地浸矿山地下水修复战略研究，在云南地浸采铀科研试验基地，开展了地浸试验场地下水修复工程实践，并向国防科工局申报了酸法地浸地下水修复技术研究项目。

（4）优化铀矿冶辐射防护管理措施。

截至“十三五”末，各铀矿冶企业的职业照射水平基本控制在15 mSv/a管理目标值内。作为国内唯一的地下铀矿山生产企业，锦原铀业个人职业照射剂量逐年下降。其他地浸采铀企业规范职业照射剂量管理措施，严格遵守辐射防护三原则，进一步优化生产车间辐射防护管理，职业照射水平不断降低。

2. 推进铀矿冶设施安全整治和退役

《核安全规划》要求按年度开展尾矿库现状评价，监测铀矿山尾矿（渣）坝的安全状态，对发现安全隐患的尾矿（渣）库进行安全整治。推进硬岩铀矿退役治理工作，基本完成2010年前关停的铀矿冶设施退役治理和环境恢复。全面完成位于敏感地区的铀矿地质勘探设施退役治理。安全关闭“十二五”期间关停的铀矿冶设施，维护环保设施正常运行，启动退役治理。进一步依法明确铀矿冶设施退役治理后长期监护责任主体，建立长期监护机制，落实长期监护资源保障。制定地浸采铀矿山退役治理计划，及时开展退役环境治理。

（1）持续保持铀尾矿（渣）库处于安全状态。

中国铀业有限公司各铀矿冶企业共有铀尾矿（渣）库32座。

为加强尾矿（渣）库的技术管理，核工业尾矿坝工程安全技术监督站每年对尾矿（渣）库进行安全检查，出具安全评价报告，及时跟踪尾矿库安全动态。

中国铀业有限公司全面梳理建立了尾矿（渣）库的基本情况及安全环保风险管控清单，将安全环保风险大的尾矿（渣）库纳入重要安全环保风险点进行重点管控。将尾矿（渣）库隐患排查治理、风险防控作为每年的工作重点贯穿至全年的安全环保大检查、安全生产月、汛期专项检查等所有安全环保管理工作中。

“十三五”期间，中国铀业有限公司大力推进了一批安全整治项目，不断提高各铀尾矿（渣）库的安全稳定性。2015—2019 年硬岩铀矿山进入调整改革阶段，中国铀业有限公司先后对水碓坑尾渣库等 10 座“病库”进行了安全整治，2019 年开展了关停铀矿山安全环保设施隐患应急整治项目，3 座“病库”完成了安全整治。通过项目的实施，全面消除了铀尾矿（渣）库重大安全隐患，所有铀尾矿（渣）库全部满足“正常库”的标准要求。

（2）基本完成 2010 年前关停的铀矿冶设施退役治理和环境恢复。

2010 年前关停铀矿冶设施 42 个，已完成退役治理 37 个，剩余 5 个退役治理工程全部批复立项，正在实施。目前，在铀矿冶设置退役治理工程项目进展过程中，由于地方纠纷等问题，影响了个别项目的正常退役治理进度。另外，个别项目尚存在塌陷区治理策略、渗水处理技术等技术瓶颈，已积极向地方政府、国防科工局汇报，争取地方政策支持和上级科研项目经费投入，及时解决有关问题。“十三五”末，2010 年前关停铀矿冶设施的退役治理工作基本完成。

“十三五”期间，完成了多个退役治理项目，全部实现了批复的退役治理目标，使放射性污染得到有效控制，环境质量得到改善。5 个退役治理项目正在实施，预计在 2022 年全部完成治理。

中核二七二厂铀尾矿库分两阶段开展退役治理，第一阶段已经完成，确保了坝体安全稳定。第二阶段分两期进行，一期开展勘察测量等工程内容及滩面治理技术等科研课题，已全部完成。二期开展滩面治理，完成中核二七二厂铀尾矿库总体退役，正在进行项目申报。

(3) 有序推进位于敏感地区的铀矿地质勘探设施退役治理。

位于敏感地区的438个历史遗留铀矿地质勘探矿床（点）中，已完成127个矿床（点）的退役治理。其余311个矿床（点）的退役治理项目正在开展项目申报或者项目前期工作，在2020年底前未完成全部治理工作。

(4) 开展“十二五”期间关停的铀矿冶设施安全关闭及退役治理。

为确保“十二五”期间关停铀矿冶设施的安全，“十三五”期间持续开展关停的铀矿冶设施的维修与维护。一是做好关停铀矿井临时封闭工作；二是维持关停铀矿山环保设施正常运行，做好关停铀矿山的矿井水、尾渣库渗出水、工业场地污水收集和处理工作，确保处理设施稳定运行，所有废水均达标排放，同时开展流出物和环境监测，杜绝环境污染事件发生；三是做好铀矿冶设施监护，加强关停铀矿冶设施的安全保卫和值守，防止铀矿山生产设施和被污染的设备材料等流失和被盗，确保铀尾渣和废石不流失。

针对关停铀矿山安全环保设施存在的安全隐患，中国铀业有限公司投入1.42亿元启动了关停铀矿山安全环保设施隐患应急整治项目，关停铀矿山的安全环保隐患得到有效整治，环保设施运行的可靠性和应急能力均得到提升。

“十三五”期间关闭且拟退役的铀矿冶设施共计17座。目前，7座铀矿冶设施的退役治理项目已上报科工局（其中3座已得到批复），其余10座铀矿冶设施的退役治理项目已完成项目建议书的编制并上报。

(5) 推进铀矿冶设施退役治理的监护工作。

2017年，国防科工局批复了“十三五”铀矿冶退役治理设施监护工程，批复总投资3162万元。持续开展铀矿冶退役治理工程的长期监护工作，对尚未移交地方的20座退役铀矿山实施了有效监护，使其处于安全受控状态，长期安全稳定性得到了可靠保障。目前国家尚未发布关于开展已退役铀矿冶设施长期监护的相关规定和标准，已退役铀矿冶设施的长期监护机制尚未形成，不利于长期监护工作的开展。

（6）制定地浸采铀矿山退役治理计划。

地浸采铀地下水修复科研已完成第一阶段"某厂酸法地浸采铀地下水污染调查研究"，正在申报"某厂酸法地浸采铀地下水治理及环境修复技术研究"项目。某地浸采铀科研试验基地退役工程正在实施。根据《中华人民共和国放射性污染防治法》要求，各地浸铀矿企业均已制定地浸采铀矿山退役治理计划。

3. 重点工程进展情况

核安全"十三五"规划重点工程中，铀矿冶设施和铀地质勘探设施退役治理项目包括完成部分关停的铀矿冶设施退役治理和环境恢复，安全关闭部分铀矿冶设施，及时启动退役治理；开展铀矿地质勘探矿床（点）的退役治理和环境恢复，涉及铀矿冶退役治理工程（含监护项目）和铀矿地质勘查设施环境治理工程共已批复项目33个，项目总投资约15亿元，其中，铀矿冶退役治理项目10个，总投资约8亿元；铀矿冶监护项目10个，总投资约0.8亿元；地质勘查设施退役治理13个项目，总投资约6.3亿元。到2020年年底，完成25个项目，正在实施5个项目，已批复项目建议书，计划2021年开始实施的3个项目。

4. 《核安全规划》实施主要问题

通过对《核安全规划》提出的针对铀矿冶各项目标和任务的全面评估，目前铀矿冶领域放射性污染防治工作还存在一些问题，压力仍然较大，主要表现在以下几方面。

4.1　关停铀矿山的退役治理进程有待加快

关停的铀矿山地处开放环境，与地方群众生产生活环境间隔近，应当尽快实施退役治理，但目前面临的主要问题是部分铀矿山因前期项目原因，不满足当前审批受理条件，部分铀矿山退役治理存在新征地问题和居民拆迁安置赔偿问题，部分铀矿山因污染农田导致治理面积大，存在潜在社会稳定问题等，这些问题大大制约了退役治理项目的立项工作。另外，关停铀矿山所涉及的企业，也因生产停顿后经营岌岌可危、资金短缺、人才流失等原因，导致待退役设施运行艰难问题。

根据以往对关停铀矿山设施的监管工作经验，关停铀矿冶设施比运行铀矿冶设施存在更多的辐射环境安全隐患，需加强对关停铀矿冶设施的辐射环境安全监管，推动关停铀矿冶设施尽快开展退役治理工作，尽早消除辐射环境安全隐患。

4.2　位于敏感地区的铀矿地质勘探设施环境治理工程进展不能满足要求

目前，位于敏感地区的铀矿地质勘探设施治理工程总体进展较慢，难以全面完成位于社会和环境敏感地区的铀矿地质勘探设施环境治理工程的规划目标。

4.3　地浸铀矿山污染防治技术研究亟待加强

地浸铀矿山工艺废水处理技术单一，存在诸多技术难题，需要进一步研究和完善。一是缺乏实践和经验。地浸采铀技术在国外发展较早，地下水修复时间也较早，但我国地浸采铀是在近年得以快速发展，对于地下水修复技术更是缺乏实践和经验；二是修复范围难确定。地浸采铀过程中一般采用抽大于注的措施来控制溶浸范围，但由于采区外围均布置注入井、矿层裂隙断层、水动力弥散、不同抽注井抽注量的差异等原因，实际的采区溶浸范围和厚度均大于预测面积，导致开采范围以外的地下水环境存在被污染的风险；三是评价标准不完善。随着我国环境保护要求的不断提高，法律法规体系得以逐渐完善，地浸工艺技术水平也在逐步提高，对地下水的环境评价也经历了由简单到复杂，由定性到部分定量，由粗放到精细的过程，但由于我国地浸采铀起步较晚，相应的法规标准也不完善，因此不利于地下水修复和评价；四是环境污染预测技术水平不高。模拟预测技术是地下水环境影响评价的重要技术手段和内容，除可以预测井场扩散范围、核素迁移速度外，还可用于抽注参数、检测井布置参数、修复治理参数合理性评价，但当前应用于我国地浸采铀地下水环境污染预测技术均不成熟。

目前，地浸铀矿山工艺废水基本采用蒸发池蒸发处理，但蒸发池占地面积大，效率不高，尽管开展了地浸工艺地下水污染规律的研究和小型地浸试验基地地下水修复实践，但由于地浸工艺地下水修复相关科研项目还未得到批复，目前尚未形成地浸采铀地下水修复技术路线，尚未建立地浸采铀地下水修复标准。

4.4　铀矿冶退役治理后的监护移交困难

铀矿冶设施退役治理后，根据《铀矿冶辐射防护与环境保护规定》（GB 23727—2008）、《铀矿冶设施退役环境管理技术规定》（GB 14586—1993）等标准的相关要求，退役治理工程竣工验收移交后，应对封闭矿井、覆盖层、废石场、尾矿库坝体和排洪等有限制开放设施的安全稳定性与有效性进行长期监护，并且在《环境影响评价技术导则　铀矿冶退役》中对长期监护的内容进行了明确。

目前，铀矿冶退役治理后的长期监护仍存在较多问题，一方面，退役治理验收后的移交问题多年未得到解决。法规标准中也没有明确应移交给谁，并且长期监护是需要人力、物力、资金来维持的，更加导致了移交困难。因此，铀矿冶退役完成后，但没有移交前，目前的状况是由业主继续进行长期监护。另一方面，退役治理验收后，业主单位也缺乏资金和人力维持长期监护。此外，我国一些铀矿山地处偏僻，荒无人烟，现场的长期监护工作存在诸多实际困难。

5.《核安全规划》实施评估建议

5.1　加快关停铀矿山的退役治理进度

关停后的铀矿山维持维护能力下降，管理能力不足，受自然灾害影响大。而铀矿冶放射性废物具有活度低、寿命长、数量大、种类多、分布范围广等特性，因此铀矿山关停后存在较大潜在危害，且历史遗留问题较多，对环境影响的范围也较广。而铀矿冶设施关停后，因人为侵扰和自然力的作用可能使关停设施遭到不同程度的破坏，使污染范围进一步扩大，导致对环境的潜在危害进一步增加，随着时间的推移，治理难度进一步加大，治理费用也将大幅增加。因此，需要摸清属地化关停铀矿山的现状，加快关停铀矿山退役治理项目的治理进度，及时并有序地开展铀矿冶设施退役及环境治理工作。

另外，在地浸铀矿山领域，针对部分地浸采铀矿山面临的关停退役治理现状，需要尽快研究出台具有针对性和操作性的技术规范，提早开展地浸铀矿山退役治理总体策略和技术路线、地浸矿山退役治理设计要求、碱法地浸矿山退役治理关键技术等方面的研究，更好地指导和服务于我国后续的地浸采铀矿山的退役工作。

5.2 加快位于社会和环境敏感地区的铀矿地质勘探设施环境治理工程进展

针对位于社会和环境敏感地区的铀矿地质勘探设施治理工程进展缓慢的现状，应该加快治理工程前期准备工作，尽量缩短项目立项周期，加强治理工程实施过程监管，有序推进现有铀矿地质勘探设施环境整治工程。目前，位于社会和环境敏感地区的铀矿地质勘探设施环境治理工程项目大部分已完成项目建议书的编制工作，正在进行项目申报工作，建议加快项目审批进度，尽快开展项目实施。新增的铀矿地质勘探设施在完成勘探任务后应及时治理，减少辐射环境风险。

5.3 加快地浸铀矿山地下水修复技术研究工作

加快地浸矿山地下水修复技术的研究，推动地下水预测技术的发展，更准确地预测和评价污染物在地下水中的扩散迁移情况，建立和完善地浸采铀地下水修复技术路线，制定地浸采铀地下水修复标准，具备开展地浸铀矿山地下水修复的能力，及时开展地浸矿山退役环境治理。另外，考虑到地下水污染治理的滞后性，修复后的地下水水质可能会反弹，仍需要对地下水持续开展辐射监测，确保地下水水质长期达标，减少环境安全隐患。

5.4　加快铀矿冶设施退役治理后长期监护机制的建立

对目前的监护工作进行总结，开展铀矿冶设施长期监护工作的研究，尽早出台长期监护的技术规范和管理规定，建立铀矿冶设施退役治理后长期监护机制，行业主管部门要尽快落实资金保障。

第五章　伴生放射性矿领域终期评估技术报告

《核安全规划》实施以来，伴生放射性矿领域在辐射防护和环境保护方面取得了较好的成绩，伴生放射性矿企业周围环境良好。《核安全规划》在伴生放射性矿领域实施总体顺利，基本完成规划任务要求。

1. 重点任务实施程度及效果

《核安全规划》要求完成伴生放射性矿现状调查和辐射现状普查，推进伴生放射性矿产资源分类管理。开展锆及氧化锆、石煤、稀土等伴生放射性矿开发利用辐射安全监管和辐射环境标准研究。督促伴生放射性矿开采、利用企业加强周边辐射环境监测和流出物监测。研究控制人为引起的天然放射性水平提高。

“十三五”期间，完成了第二次全国污染源普查伴生放射性矿普查工作，基本掌握了我国伴生放射性矿企业放射性污染源的分布和数量，为伴生放射性矿的分类管理提供了技术支撑。伴生放射性矿标准文件体系逐步完善，2018 年发布了《伴生放射性矿开发利用企业环境辐射监测及信息公开办法（试行）》（国环规辐射〔2018〕1 号），2020 年发布了《伴生放射性物料贮存及固体废物填埋辐射环境保护技术规范（试行）》（HJ 1114—2020）和《矿产资源开发利用辐射环境监督管理名录》（公告 2020 年第 54 号）等规范性文件，目前《伴生放射性矿开发利用环境辐射限值标准》已完成报批稿的编制。完成了锆及氧化锆、石煤、稀土等伴生放射性矿辐射安全监管研究专题，为标准制定和加强监管提供了指导。“十三五”期间，随着监管的加强和相关研究工作的深入，人为活动引起的天然放射性影响得到有效管理和控制。

1.1 伴生放射性矿企业放射性污染源调查取得重要进展

2017年启动的第二次全国污染源普查伴生放射性矿普查工作已全部完成，普查公报已于2020年6月8日发布。伴生放射性矿普查完成了对8个行业、涉及20多种矿产资源的32 030家企业初测筛选γ辐射剂量率的监测数据和1 915家入库企业的普查数据，普查数据真实可靠，达到了预期目标。这次普查较全面系统地反映了我国伴生放射性矿的现状。

对普查方案中规定的稀土、铌/钽、锆石和氧化锆、锡、铅/锌矿、铜、铁、磷酸盐、煤、铝、钒、钼、金、锗钛、镍等15类矿产资源开发利用企业，共完成29 688家企业的筛选，确定符合普查技术规定要求的企业1 667家。在15类矿产详查企业中，检测的固体样中U、Th系任一核素活度浓度分析结果超过1 Bq/g的企业共有464家，达到了监管水平。

普查结果表明，伴生放射性固体废物2017年当年产生量1.134亿吨，截至2017年年末，全国伴生放射性固体废物累积贮存量为20.30亿吨，累积贮存量较大。伴生放射性固体废物产生量最多的矿种为钢铁和铝，其他伴生放射性固体废物产生量较多的矿种还包括煤、磷酸盐、稀土等相关企业。从伴生放射性固体废物的放射性水平分析来看，稀土、铌/钽、铅/锌、锆石和氧化锆、锗/钛、锡等矿产伴生放射性固体废物的放射性水平较高。其中放射性活度浓度超过10 Bq/g的伴生放射性固体废物主要为稀土、铌/钽、锆石和氧化锆、铅/锌、锗/钛等矿产。

总体来说，目前我国伴生放射性固体废物年产生量和累积贮存量较大。数量较大、放射性水平相对较低的主要是尾矿、废石和赤泥等伴生放射性矿产采选企业的产物，目前以露天建库贮存为主。数量较小、放射性水平相对较高的主要为冶炼、分离类企业的产物，目前以室内建库暂存和露天建库暂存为主。另外有部分作为一般废物倾倒丢弃的，多属于早期生产企业产生的废渣，但企业现已注销或转产，此次统计的数量较少。目前伴生放射性固体废物综合利用水平较低。

1.2　伴生放射性矿监管工作得到加强

“十三五”期间，重点落实《矿产资源开发利用辐射环境监督管理名录（第一批）》（环办〔2013〕12号）中规定的伴生放射性矿的监管实践。加强了伴生放射性矿的监督检查，有力推进了伴生放射性矿的辐射安全监管。2019年，根据伴生放射性矿普查初步成果，生态环境部要求各地将属于伴生放射性矿的企业，按重点排污单位管理，其监测信息在重点污染源监督性监测信息发布平台发布，加强了伴生放射性矿辐射安全监管的渠道和方式。

具体承担伴生放射性矿辐射环境监管的各省（自治区、直辖市）生态环境保护主管部门在监管实践中，根据各地伴生放射性矿的特点，制定了相应的监管政策。具体如下：

四川省生态环境厅于2019年11月发布了《四川省伴生放射性矿产资源开发利用企业名录（2019）》，将四川16家稀土及铅锌矿开发利用企业纳入伴生放射性矿管理范畴。同时明确了对于其原矿、中间产品、尾矿（渣）或者其他残留物中铀（钍）系单个核素含量超过1 Bq/g的除铀（钍）矿以外的矿产资源开发利用企业，将自动归类于伴生放射性矿产资源开发利用企业，并纳入四川省辐射环境监督管理范畴。四川省生态环境厅将适时更新四川省伴生放射性矿产资源开发利用企业名录，并向社会公开。在发布《四川省伴生放射性矿产资源开发利用企业名录（2019）》后，四川省生态环境厅下发了《关于进一步加强伴生放射性矿产资源开发利用企业环境管理工作的通知》（川环办函〔2019〕462号），要求各市（州）生态环境局应根据《重点排污单位名录管理规定（试行）》（环办监测〔2017〕86号），将辖区内伴生放射性矿企业纳入重点排污单位名录，并进一步落实对伴生放射性矿企业的监督性监测，督促指导伴生放射性矿企业开展环境辐射监测和有关信息公开工作。同时，要求辖区内各伴生放射性矿企业应严格按照《伴生放射性矿开发利用企业环境辐射监测及信息公开办法（试行）》有关要求，积极组织本单位开展环境辐射监测及有关信息公开工作。对于上述工作，四川省生态环境厅组织各伴生放射性矿企业开展了自查自纠，并适时进行了现场检查核实。

贵州省生态环境厅在2016年联合贵州省有色金属和核工业地质勘查局启动贵州省主要铀矿区及共（伴）生矿辐射环境水平调查及平台建设，在全省辐射水平较高的铀矿区开展土壤、岩石及矿产辐射水平调查。先后完成了《贵州省主要磷矿区磷石膏辐射水平调查》《贵州省镍钼钒矿区辐射水平调查》《贵州省主要铀矿区辐射水平调查》等伴生矿辐射水平专项调查。2019年，建成了伴生放射性矿数据自动分析平台、贵州省伴生放射性矿辐射监管平台和贵州省伴生放射性矿产资源辐射监管系统等3个信息系统，全面采集汇总伴生放射性矿各项调查数据，为实现数据共享和伴生放射性矿领域大数据分析工作积累了大量的基础数据，为科学高效监管提供了支撑。

江苏省发布了《稀土冶炼废渣放射性豁免要求》（DB32T 3492—2018），科学提出废渣放射性豁免的管理限值，规定稀土冶炼企业产生的废渣经监测后低于管理限值的废渣，可不作为放射性废渣，免于放射性监管。2019年4月，下发了《关于实施稀土冶炼放射性废渣分类管理的通知》，对放射性水平低于豁免要求的放射性废渣实行豁免备案。豁免后废渣管理按照国家和省其他相关规定执行。2020年4月，下发《关于进一步加强伴生放射性矿开发利用企业低放射性废渣环境安全管理工作的通知》，强调伴生放射性矿开发利用企业的低放射性废渣辐射环境安全管理责任主体，以及各设区市生态环境局辐射环境安全管理职责。

广东省生态环境厅在“十三五”期间加强对伴生放射性废物的监督性监测，加大历史遗留的伴生放射性矿产资源开发利用中放射性污染的厂址治理和土地生态恢复工作的力度。对已关闭的伴生放射性开发利用企业遗积的含放射性的废渣存在的辐射安全隐患问题进行督办，对目前仍在运营的企业存在的环境问题进行重点整治，严格控制其进口伴生放射性矿原料。在摸清全省稀土及伴生放射性企业废渣现状基础上，根据废渣的产生量及放射性水平，进一步分析，研究提出伴生放射性废渣处理处置规划建设意见。开展伴生放射性矿相关单位的辐射项目环评专篇审查以及专项监督检查，提高了伴生放射性矿辐射安全监管水平。2018 年，为了规范伴生放射性矿企业的管理，加强涉伴生放射性矿的信息公开力度，建设了伴生放射性矿业开发利用企业信息公开平台，已有 25 家伴生放射性矿单位在平台进行了注册备案。

1.3　伴生放射性矿法规标准逐渐完善

1.3.1　伴生放射性矿监测和信息公开

2018 年 7 月，生态环境部发布了《伴生放射性矿开发利用企业环境辐射监测及信息公开办法（试行）》（国环规辐射〔2018〕1 号），办法将除铀（钍）矿外所有矿产资源开发利用活动中原矿、中间产品、尾矿（渣）或者其他残留物中铀（钍）系单个核素含量超过 1 Bq/g 的企业纳入监管；各省级生态环境主管部门应当建立需开展环境辐射监测工作的企业名录，向社会公开并动态更新；企业应按照环境保护法律法规要求，为掌握流出物排放状况及其对周边辐射环境质量的影响等情况，组织开展监测活动，并公开环境辐射监测信息。

按照办法的相关要求，各省级生态环境主管部门建立需开展环境辐射监测工作的企业名录，向社会公开并动态更新。截至 2020 年 5 月，全国涉及伴生放射性开发利用企业的 22 个省（区、市）均已制定或发布伴生矿企业名录，纳入名录的企业均在 2019 年陆续开展了周边辐射环境监测和流出物监测。

该办法的实施，进一步强化了企业辐射防护的职责，提高了企业的辐射防护和监测能力，也较好地落实了规划中关于“督促伴生放射性矿开采、利用企业加强周边辐射环境监测和流出物监测”的要求。

1.3.2　伴生放射性矿废物处理处置

2020 年发布了《伴生放射性物料贮存及固体废物填埋辐射环

境保护技术规范（试行）》（HJ 1114—2020），对稀土、铌/钽、锆及氧化锆、锡、铅/锌、铜、钢铁、钒、磷酸盐、煤、铝、钼、镍、锗、钛、金等非铀（钍）矿产资源开发利用活动中伴生放射性物料贮存及固体废物填埋设施在选址、设计、建设、运行、关闭、监护等过程提出了辐射环境保护要求。该标准为解决目前伴生放射性矿企业存在的大量伴生放射性固体废物处理处置问题提供了依据，也是实现规划中提出的“控制人为活动引起的天然放射性影响水的要求平提高”的重要支撑。

1.3.3　其他法律法规

目前，《矿产资源开发利用辐射环境监督管理名录》（以下简称：名录）已发布，《伴生放射性矿开发利用环境辐射限值标准》《铀矿冶及伴生放射性开发利用辐射环境保护监督管理办法》正在编制。

名录规定了伴生放射性矿监管的主要矿产类别及其相关工业活动。主要矿产类别包括稀土、锆及氧化锆、铌/钽、锡、铅/锌、铜、铁、钒、钼、镍、锗、钛、金、铝、磷酸盐和煤。已纳入《名录》，并且原矿、中间产品、尾矿（渣）或者其他残留物中铀（钍）系单个核素含量超过 1 Bq/g 的矿产资源开发利用项目，建设单位在开发利用或开展污染场地治理修复前，应当组织编制辐射环境影响评价专篇，并纳入环境影响评价文件同步报批；建设单位在竣工环境保护验收时，应当组织对配套建设的辐射环境保护设施进行验收，组织编制辐射环境保护验收监测报告并纳入验收监测报告。

该名录是对 2013 年发布的《矿产资源开发利用辐射环境监督管理名录（第一批）》（环办〔2013〕12 号）的改进和完善，扩大了伴生放射性矿监管范围，进一步明确了监管要求，推动了伴生放射性矿产资源分类管理。

《伴生放射性矿开发利用环境辐射限值标准》目前已完成报批稿的编制。该标准进一步规范了伴生放射性开发利用企业的流出物排放限值、公众剂量控制值等内容。该标准实施后，可有效减少伴生放射性矿放射性流出物，降低辐射环境影响，符合规划中提出的“控制人为活动引起的天然放射性影响水平提高”的要求。

2.《核安全规划》实施主要问题

在全面完成《核安全规划》提出的各项目标任务过程中，发现伴生放射性矿领域还存在一些问题，压力仍然较大，主要表现在以下几方面。

2.1 伴生放射性矿法规标准体系仍需要完善

近年来，在伴生放射性矿法规标准体系建设方面，已开展了大量的研究工作，发布了一些规范性文件和标准。但是由于伴生放射性矿监管工作起步较晚，监管基础较薄弱，在法规体系方面还需要进一步完善，一是《放射性污染防治法》中关于伴生放射性矿开发利用领域的法规条款比较单薄，缺少伴生放射性矿放射性污染防治、闭矿计划、环境整治及经费、环境辐射监测、辐射事故应急等方面的要求；二是缺少与《放射性污染防治法》配套的伴生放射性矿相关条例；三是缺少环境整治、辐射环境应急、污染防治、监督检查等领域的部门规章；四是部分伴生放射性矿相关辐射环境标准正在编制，尚未出台。

2.2 伴生放射性矿辐射环境监管能力有待提升

第二次全国污染源普查伴生放射性普查基本摸清了我国伴生放射性矿开发利用企业的放射性污染源现状，《伴生放射性矿开发利用企业环境辐射监测及信息公开办法（试行）》也明确要求各省级生态环境主管部门应当建立需开展环境辐射监测工作的企业名录，督促企业按照办法要求开展环境辐射监测，这对于各级生态环境主管部门监管和监测能力等方面提出了更高的要求，需要进一步提升其对伴生放射性矿监管能力。

3.《核安全规划》实施评估建议

3.1 进一步完善伴生放射性矿辐射环境保护法规标准体系建设

以贯彻《放射性污染防治法》为主线，紧紧围绕降低伴生放射性矿辐射环境影响为核心，进一步加快法律法规体系建设，综合我国现有辐射环境监管水平和法规标准体系，在《放射性污染防治法》修订中补充完善伴生放射性矿开发利用领域的相关法规条款，制定与《放射性污染防治法》配套的伴生放射性矿辐射安全管理条例和伴生放射性物料和废物流转及运输管理制度、伴生放射性废物回收利用管理制度和限制标准等法规标准，实现伴生放射性矿辐射环境监管的全面提升。

3.2　加快伴生放射性矿放射性固体废物处理处置

研究伴生放射性固体废物处置政策，加强伴生放射性固体废物处理处置研究。鉴于现阶段存在伴生放射性废渣量大、种类多、放射性水平分布范围广及最终处置出路没有解决等问题，建议优先考虑区域集中处置，探索利用铀矿冶设施处理处置伴生放射性固体废物的技术和管理途径，研究出台伴生放射性固体废物处置相关规定，逐步解决历史遗留和暂存的大量伴生放射性固体废物的最终处置问题。

3.3　提升伴生放射性矿辐射环境监督和管理水平

各省级生态环境主管部门根据监管名录要求，完善监管名录管理制度和重点排污单位名录管理，规范企业流出物和环境辐射监测信息公开，提高监管的信息化水平。进一步加强伴生放射性矿监管队伍建设，提高各级生态环境主管部门的监管水平。

建立用于管理伴生放射性矿辐射环境管理的软件系统，该系统由国家生态环境部门统一管理、维护，省（区、市）、地市级生态环境部门及企事业单位使用，监管企业名录根据年度监测数据动态更新，同时海关等其他相关部门也可据此批准矿产原料进口事宜。

伴生放射性开发利用企业应设置专业的辐射环境保护组织机构和职责，并配置专业人才，及时了解有关辐射环境保护的法规标准和政策，做好生产过程中的辐射防护，有效管控含放射性的物料、中间产品、副产品及废水废渣等，提高对流出物和辐射环境的监测能力，并定期开展流出物和辐射环境监测，有效落实伴生放射性开发利用企业的主体责任。

第六章　核安全设备领域终期评估技术报告

核设备作为核电厂的重要组成部分，是保障核电厂建造质量和核设施安全运行的关键因素。《核安全与放射性污染防治“十三五”规划及2025年远景目标》（以下简称“《核安全规划》”）实施以来，监管部门通过完善法规制度、优化许可流程、加强设备质量管理和过程监督等方式，不断完善监管体系，提高监管效率。建成一批工程试验基地、材料研究基地，形成百万千瓦级压水堆核电主设备成套供货能力，核电设备物项和服务供应链体系得到完善，核电设备自主化、安全水平持续提升。持续保持“两个零容忍”的高压态势，对“违规操作”和“弄虚作假”的企业严厉打击严肃查处，加强对承包商、供货商、设计单位等的监督管理，压实企业核安全设备质量主体责任，强化出厂验收，提升了设备质量和运行可靠性，有力推动核电事业安全、健康、可持续发展。

一、《核安全规划》实施总体情况

（一）法规和管理体系更加健全

完善核安全设备监管法规体系，修订发布《民用核安全设备无损检验人员资格管理规定》（HAF602）《民用核安全设备焊接人员资格管理规定》（HAF603）等部门规章和相应技术文件，明确许可申请的基本要求和审批流程，优化特种工艺人员管理；修订发布《民用核安全机械设备不能分包的关键工艺和技术》，强化关键工艺管理，提高设备质量和可靠性；更新《民用核安全设备目录》，弥补了目录中存在漏项等问题，将核燃料循环设施及后处理厂核安全设备纳入许可管理，明确民用核安全设备监管范围，共包括 19 类机械设备和 9 类电气设备，涵盖了我国核动力厂及研究堆等核设施的主要核安全设备类别。

（二）许可管理更加优化

修订民用核安全设备许可证取证、延续、变更审批程序，优化许可审批流程，“十三五”期间，累计批准 400 余项许可证申请。监管部门不断完善行政审批制度，制定铸锻件、泵、阀门、管道、成套开关设备和控制设备等九类设备类别活动单位资格条件，明确准入要求。为应对国际形势变化带来的风险，深入开展行业调研，引入行业领军企业，积极推进主泵、爆破阀等关键核电装备国产化，破解“卡脖子”问题。充分发挥核电装备制造集团管理和资源优势，落实核电制造装备集团核安全设备质量管理责任，向东方电气股份有限公司颁发国内首张核蒸汽供应系统制造许可证，并推进哈尔滨电气股份有限公司、上海电气集团公司取证。截至 2020 年年底，持有民用核安全设备设计、制造和无损检验注册登记确认书的国内单位 216 家，境外单位 179 家。

（三）强化核安全设备监督检查

组织开展“核安全风险排查及回头看”“核级泵漏检问题专项检查”“进口核安全设备专项排查”等活动，全面消除核安全风险隐患。累计开展近 200 项综合性检查，70 余项专项检查，并对 5 家境外注册登记单位开展现场监督检查，设立了 6 个驻厂办公室，采取 24 小时驻厂监督制度，对持证单位的监管起到了威慑和警示。严格审慎处理三门主泵下端盖设计修改等重大不符合项，有效加强民用核安全设备质量管控。组织经验反馈现场交流活动，落实党中央国务院批示指示精神，反馈江西丰城电厂倒塌事故、西安奥凯电缆质量事件和江苏响水爆炸事件，举一反三，全面强化核安全设备质量安全监管。

编制发布了《2017年度民用核安全设备监督经验反馈和核安全文化建设良好实践案例》，有效总结及指导了核安全设备监督工作；建立了核安全设备许可证持证单位的量化评价指标，形成了以评分制代替扣分制、综合性检查与日常监督双覆盖、严重违规与基础量化双层指标的评价模式，对持证单位进行动态管理，建立了营运单位和重要设施、设备监管大数据信息库，推动建立信息化跟踪监管体系。落实“核电安全管理提升年”要求，开展综合检查，组织全国核设备质量管理现场经验交流，开展经验反馈和风险排查，强化核安全设备事前、事中、事后监管，对发现的重大质量问题进行了重点监督和调查。华北监督站对设备驻厂监督模式进行了优化和整合，加大了非例行检查和专项巡检的频次和力度，加强了对周末和节假日期间的巡检力度，取得良好效果。

持续完善核电厂在役检查无损检验技术能力验证体系。进一步明确核设备监管要求，编制了民用核安全设备监造管理要求、模拟件制作实施细则和执法手册，并相继对民用核安全设备原材料理化性能试验、无损检验等多项活动开展了独立验证，并首次开展了对核级泵、阀性能试验独立验证，核级阀门设计活动独立验证，提升了监督能力。

（四）有力打击核安全违法违规行为

始终保持高压态势，严肃查处民用核安全设备活动过程中的违规补焊、违规分包、弄虚作假、无证上岗等行为。依法从严处理违法违规单位和个人，强化震慑作用。“十三五”期间，累计对35家违规持证单位做出了停工、罚款和通报批评等处罚，对情节严重的广东火电工程有限公司和苏州东仪公司等2家单位吊销了许可证，对违规操作的特种工艺人员吊销资格证书，并将处罚结果及时向社会公开和行业通报，对弄虚作假和违规操作实施“两个零容忍”。核安全设备质量是核安全的重要基础，“十三五”期间民用核安全设备设计、制造、安装和无损检验活动的质量基本处于受控状态。

针对防城港事件，对中广核工程有限公司开展专项检查，包括制定整改清单、整改措施并逐一完成整改。

（五）进口核安全设备管理不断强化

依法加强对进口民用核安全设备审评监督及安全检验，规范和优化工作流程，累计审批200余项境外单位注册登记申请。修订了进口设备安全检验大纲，对2 000余批次进口核安全设备开展安全检验，组织开展运行核电厂进口核安全设备专项排查，启用“国家核安全局进口民用核安全设备安全检验专用章”，对违规的相关单位进行了通报和约谈，及时消除质量隐患，有效规范了进口核安全设备质量管理。

（六）特种工艺人员资格管理更加优化

修订发布《民用核安全设备焊接人员资格管理规定》（生态环境部令第5号）《民用核安全设备无损检验人员资格管理规定》（生态环境部令第6号），深入贯彻“放管服”改革精神，优化审批流程，精简申请材料，规范工作程序。“十三五”期间，共向11 000余名核级无损检验人员、26 000余名核级焊工焊接操作工颁发资质证书。

（七）企业核安全设备质量主体责任得到进一步落实

营运单位加强对设备监造、验收、使用、维修分级管理，落实核安全设备使用和运行的全面责任。工程总承包单位强化民用核安全设备活动单位设备质量管理和过程控制，落实设备采购监造管理责任，持续督促核安全设备持证单位提升核安全文化水平。

核安全设备持证单位不断完善质量管理体系。完善质量保证程序文件，每年根据组织机构、职能调整、工作流程变化等情况，及时更新质保体系。通过专项质保监督、内外部质保监查、日常质保体系监督检查等工作，及时发现薄弱环节并积极整改，同时改进完善质保体系，确保质保体系有效运行。加大技术研发投入，完善技术工艺，加强设备设计验证及鉴定管理，强化核安全设备质量全面责任。部分企业建立了关键工艺、关键岗位责任人制度，对焊接、无损检测和热处理等关键工艺进行了质量风险识别与控制，制定并完善质量风险点识别及管控等相关制度程序，构建并有序运行质量风险防范体系。

（八）国产化设备质量显著提高

随着我国二代改进型核电主设备交付的全面完成，核电设备的国产化不断提高，已具备大部分核电关键设备的自主设计与制造能力，涵盖主辅机械设备、电气设备、仪控设备、关键零部件及原材料等领域。掌握并形成自有诀窍及相关知识产权的核电制造技术，攻克和掌握关键的制造技术，并通过不断积累，固化制造工艺，从技术能力上为产品质量提供保证，已具备批量供应各种核电机型的核岛、常规岛等主要设备供货能力，在核电大型铸锻件方面，实现了核岛反应堆压力容器、蒸汽发生器、稳压器、主泵等关键设备大型锻件的全覆盖。关键设备国产化、自主化水平稳步提高。

二、《核安全规划》实施的主要问题

（一）法规制度有待提升

我国核安全设备管理中存在无法可依，监管法规和标准要求缺乏。现行《民用核安全设备监督管理条例》和其配套部门规章《民用核安全设备设计制造安装和无损检验监督管理规定》（HAF601）在保障核设施运行安全方面发挥了重要作用，但随着监管工作的深入和形势变化，与《核安全法》从高从严的新规定不能完全匹配，在核设备管理中很多情况无法可依，某些方面存在与实际工作无法对应或不便于操作执行之处，严重影响了核设备的发展。尚无针对核安全设备全寿期质量保证管理的系统性部门规章；缺少对核安全设备采购、监造管理等活动要求；在《核安全法》规定的"核安全文化"和"信息公开与经验反馈"未予以体现；存在对核岛总承包单位监管空白、处罚依据不足、对创新许可模式支撑不够等问题，与核安全监管新形势、新任务、新要求已不能完全适应，亟待修订完善。在《民用核安全设备目录》中存在一定数量的核安全设备未纳入范围内的问题。缺乏商品级物项转化的法规标准依据，对于商品级物项转化的鉴定要求缺乏统一规定和检验标准。

（二）持证单位质保体系仍需改进

设备持证单位质量保证体系在运行方面有待改进，存在采购控制环节完工报告审查及入场验收不严；文件控制和记录管理存在隐患，缺少文件变更控制程序，未评价升版及变更文件的影响范围、未采取相应措施，导致部分环节控制无适用程序或依据等问题。部分设备持证单位在建立质保体系时，依据的法规标准文件均为《核设施质量保证安全规定》（HAF003），实际上部门规章中提到的质保要求更多是针对核设施的，虽适用核设备，但针对性不强，尤其在核设备设计、制造、检验过程中的具体要求不明晰，间接导致我国核安全设备活动单位普遍存在质保文件规定可操作性差，相关内容和控制情况参差不齐的现象。

（三）过程质量控制有待加强

部分企业存在违反操作规程及其他不良作业习惯导致的人因失误及质量问题。存在个别操作者、检查人员专业技能不足、质保要求掌握不到位的情况。部分核电设备制造企业质量管理水平不高，存在钻政策漏洞情况，对于特种工艺人员、监察人员等的资质管理流于形式，消极应付，导致由于人因出现产品质量问题比较突出（制造缺陷、返厂维修、设备异物等）；供货设备还存在一定的质量问题，一些企业质量监督人员的技术能力还需要进一步提升；同时，由于监造经验不足，部分设备未准确识别风险点、未进行设点及监督，出现了一些设备质量问题。

（四）大宗材料采购及商品级物项转化亟需规范

我国对于大宗材料控制的相关文件目前尚不完备，相关规定不明确，对于大宗材料的采购控制、入场控制、各方职责等规定缺乏。虽然近几年我国从监管部门到营运单位、工程公司以及采购单位都逐步重视并加强了大宗材料的控制，但是基本属于事后控制，对于过程控制缺乏规定和执行。目前不管是入场验收还是复验，面临最大问题就是对于批次的定义和界定，由于界限不清导致抽样不全的情况时有发生。同时，我国缺乏商品级物项转化的法规和标准依据，对于商品级物项转化的鉴定要求也缺乏统一的规定和检验标准。

（五）核安全设备的监造管理存在欠缺

各营运单位虽基本建立了核设备监造监理管理体系，但仍存在计划不科学、执行不到位、监造监理人员不独立、配备不足、能力不强，监造监理记录不完善、填写不规范，监造重点不突出和把关不严等问题。核设施营运单位与工程总承包单位之间也存在设备管理责任不清晰问题，需进一步明确监造监理要求，落实责任，规范监造监理工作。第三方监造单位水平能力参差不齐，设备监造更多依赖工程公司和采购单位，各单位虽编制有相应的监造规定和程序文件，但没有统一的标准，对于见证点的选择、确定和放弃等，以及见证次数，巡检次数和要求也没有统一的明确规定。

（六）核安全文化建设亟待提升

核设备持证单位的核安全文化建设水平参差不齐，普遍缺乏核安全文化评估经验，除了重点核设备制造单位在有关部门指导下进行过完整、全面评估外，其他单位缺乏评估经验，尚未应用系统化评估方法，未形成核安全文化评估体系。违规造假、篡改数据、弄虚作假等事件仍时有发生，安全质量意识淡薄，文化建设流于形式，无明确的规定和管理手段进行监督。缺乏系统的培训及评价专家库，缺少专业队伍对设备持证单位核安全文化建设进行指导，持续深化核安全文化建设的动力不足，后续乏力，整体需亟待提升。

三、规划实施评估建议

（一）进一步完善核安全设备领域法规制度

优化完善核安全设备法规文件。以《核安全法》为依据，结合《民用核安全设备监督管理条例》发布以来国家核安全局发布的相关导则、规范性文件及国外核安全设备管理实践和成功经验，进一步修订完善《民用核安全设备设计制造安装和无损检验监督管理规定》（HAF601）《进口民用核安全设备监督管理规定》（HAF604）等部门规章。开展《民用核安全设备监督管理条例》及其配套规章中有关民用核安全设备条款，配套的第二和第三层级管理性文件的修订和编制工作。针对大宗材料采购、商品级物项转化等制度管理要求，填补核安全设备监管要求的缺失或空白。加快核安全设备标准体系建设。确定核安全标准体系构架；制定《核安全机械设备基本要求》，明确核安全设备设计、制造、安装、维修和定期试验等要求；完善工业标准认可制度，推动建立多标准融合制度。

（二）加强核安全设备质量保证体系建设

设备持证单位严格按照监管要求和企业自身的特点，建立企业自我评估机制和体系并确保其有效实施，充分利用内部监查和管理部门审查等手段，确保质保体系的要求得到有效执行。进一步优化许可管理，建立奖罚机制，鼓励优秀企业进入核电市场，以促进行业内良性循环。研究建立许可退出机制，提高准入门槛、实行总量控制的基础上打破原有“只出不进”的传统模式，实现“严进宽出”的状态，构建起“进出有致、张弛有度”的许可管理体系。

（三）深化对重要核安全设备的监造管理

积极探索对分供方进行有效管控，出台具体实施措施办法，加强采购环节的质量控制。从产业链的角度进行整体规划，建设产业链对大宗物件和大宗材料进行统一采购。提高对核电工程总承包单位及各级分包单位的要求，加强营运单位对重要核安全设备的监造管理。探索独立的第三方监造模式，提高设备监造工作独立性，打造专业的第三方独立监造队伍，提升监造人员专业技能，形成设备监造专家型队伍。

（四）持续推进核安全文化建设

进一步加强核安全设备领域核安全文化培育和建设力度。设备企业建立核安全文化监督管理工作机制，明确监管部门各单位、部门职责，建立接口，统筹协调，形成合力；将核安全文化融入设备日常监督检查工作，通过制订程序文件明确核安全文化监督检查主要范围和内容，规范地指导核安全文化监督检查；建立科学而系统的核安全文化评估体系，定期开展自评估，注重经验和问题反馈，同时接受同行评估和外部评估；加强对核电工程各级分包单位的管理和核安全文化建设工作，核安全文化建设工作全面铺开、延伸到核相关领域的每个细枝末节；在行业内定期开展核安全文化经验交流活动，推广核安全文化良好实践。

第七章　核安保领域终期评估技术报告

近年来，以恐怖主义为代表的各种非传统安全问题日益凸显，其中核恐怖活动尤为令人担心。作为防范核恐怖主义的有效措施，核安保工作受到高度重视。《核安全与放射性污染防治“十三五”规划及2025年远景目标》（以下简称“《核安全规划》”）实施以来，我国核电厂、研究堆、核燃料循环设施、核技术利用实物保护系统全面升级，涉核犯罪、恐怖袭击和网络安全防范能力持续提升。核材料、核进出口管制更加严格规范。

一、《核安全规划》实施总体进展情况

《核安全规划》发布实施后，各政府部门和运营单位分工负责，各司其职，稳步推进，圆满地完成规划要求的各项任务内容。通过规划实施，我国核设施的安保水平得到持续提高，应对新威胁的能力不断完善，核技术利用安保水平稳步提升，国际核不扩散义务和承诺得到严格履行，有效维护了国际核不扩散体系。

（一）规划目标进展情况

规划目标提出，核设施抵御新威胁的能力进一步提升，核电厂抵御网络安全威胁能力明显增强，核安保机制进一步完善，有效应对突发事件。

通过在核电厂开展集成管理平台升级换代、逐步推进视频监控系统高清化改造、探索低空及海面实物保护措施，在研究堆和核燃料循环设施开展实物保护实体屏障及技防系统改造，强化核电厂防范网络攻击能力，我国整体核安保水平得到有效提升，至今未发生网络安全三级及以上事件，满足规划目标。

（二）规划任务措施评估情况

1. 核设施安保水平持续提高

实物保护改造主要包括建设实体屏障、建立出入口控制设施、设置探测报警装置及监视系统等。根据规划要求，核电厂累计开展实物保护升级改造工作 54 项，其中 37 项完成，剩余 17 项正在稳步推进。研究堆、核燃料循环措施实物保护建设和改造工作按计划推进。网络安全方面，各核电厂运营单位构建了较为完善的网络安全管理体系、技术体系和监督体系，有力地保障了各电厂的安全运行。

（1）核电厂安保水平稳步提高。

各核电厂逐步开展实物保护整体升级改造、视频监控系统改造、门禁等出入口控制系统改造、增加入侵探测和生物识别系统、配置低空飞行物探测和处置系统、优化保卫控制中心、强化实体屏障、试验水域安保系统，见表 7-1。

表 7-1　核电厂实物保护情况

核电厂	实物保护改造情况
秦山	秦山核电共计开展实物保护系统变更工作 62 项，已完成变更改造 46 项，实施中的变更改造 16 项；其中，秦山第二核电厂保护区周界增加了实体屏障和第二种探测手段，实物保护视频监控系统完成综合技术改造；秦山第一核电厂完成双路电源改造等工作。正在推进秦山第三核电厂控制区优化综合改造项目，该项目正在进行方案设计，预计 2021 年 9 月完成改造工作
田湾	田湾核电完成 14 项重要维护和升级改造工作，优化和提升了电站的实物防护水平
福清	福清核电实施实物保护系统改造 25 项，其中 20 项现场已实施完成，3 项技改在实施中，预计 2020 年底完成，2 项技改项目筹划准备中

续 表

核电厂	实物保护改造情况
三门	三门核电已执行安全功能相关的设计变更15项，范围涵盖集成安保控制及管理系统、出入口控制系统、周界入侵探测报警系统、闭路电视监视系统和安保配电系统等
海南	海南核电实物保护系统已经完成存储空间改造、虹膜设备升级、工作站安装U盘审计与加密系统等技改项目累计10项，目前正在执行的技改项目包含服务器双机热备改造、周界照明改造、工作站系统升级WIN7等共计7项，未来计划提出的技改项目包含模拟摄像机改为数字摄像机、低小慢防御系统、人脸识别系统的应用及车底扫描系统等技改项目共计5项
大亚湾	已按期完成实物保护系统的整体升级改造，低空飞行物管控技术得到应用，跨周界管沟增加技防措施，保护区出入口增加人脸识别系统，更新集成管理平台，建设高清视频监控系统，并在控制区周界敏感位置增加监控设备
红沿河	已完成保护区主出入口车道增加红外探测器、保护区主出入口设置多普勒探测器、室外摄像机护罩雨刷集成控制、监控系统存储扩容（90天）、门禁防走错间隔、保护区及要害区周界探测强化、人脸识别系统、低空防御系统等重要改造项目，为确保"纵深防御、均衡防护"奠定坚实基础
宁德	已完成控制区、保护区和要害区围栏升级改造，完成UA、UD伸缩门改造和国密卡升级改造；视频高清改造、TB开关站区域ZS围栏改造以及现场薄弱项改造正在实施，改造期间系统运行稳定，未发生计划性系统失效事件
阳江	引入人脸识别设备用于保护区人员出入控制，完成视频监控高清化及扩容改造工作，车底识别设施、低空飞行物探测系统、海面及水下探测系统已投入运行

续 表

核电厂	实物保护改造情况
阳江	人脸识别出入控制系统建设、低空防御系统建设、车底识别设施建设、入水口热成像设施建设、厂区制高点高清云台建设、旋转门两侧栅栏区域增加“探测”设备改进、实物保护系统国产化技术试点项目
防城港	自 2016 年投运后，陆续完成了 10 个改造项目。电站入水口已增设视频监控和武警人防监控并配备了巡逻艇供应急处置，低空防范方面已配备无人机干扰器
台山	台山核电厂实物保护系统自 2015 年投运以来，系统运行状态良好。已根据实际情况制定了系统改造升级计划，实物保护智能高清视频监控改造工作也在推进中，未来将根据系统状态、公司成本控制要求等，逐步完成系统改造工作
海阳	海阳核电厂 2017 年 12 月 27 日完成保护区出入口（092）、保护区辅助出入口（092A）构筑物房顶增加技防探测设备激光雷达探测器的安装调试工作并投入运行。目前在开展实物保护闭路电视监视系统网络高清数字摄像机优化改造和实保出入口控制系统人脸识别技术改造，计划在 7 月 30 日前完成项目实施

（2）研究堆安保水平稳步提高。

国内大部分研究堆通过建设实体屏障和出入口控制系统并设置入侵探测和视频监控措施，建立集“探测、延迟、反应”于一体的完整、有效的实物保护系统，保障研究堆和核材料的安全。原子能院、核动力院按照国家标准要求，建设了相应的监控区、控制区、保护区和内区，按标准要求配置探测、监视、出入控制、延迟、反应、通信等设备，并根据实际运行情况及时进行更新升级，核动力院完成了实物保护系统能力建设项目的全部建设内容和项目验收工作，全面改造了核设施实物保护系统设施和设备，配备了满足国家标准要求的安保人员和消防应急人员，夹江基地 1、2 号点建成了集探测、延迟、反应于一体的实物保护系统，满足国家现行法规和标准要求。全部核设施所在地区实物保护系统运行正常，基本达到了设计标准。

清华大学申报了实物保护系统建设项目建议书，计划建立达到现行标准要求的实物保护系统和满足标准的武警营房、勤务设施，该项目于 2019 年获得国家国防科工局可研批复，项目经费 1 亿余元，全部为国拨经费。目前，该项目正处于招标准备阶段，预计总工期为 3 年。

（3）核燃料循环设施安保水平稳步提高。

核燃料循环设施单位陆续实施了实物保护建设工程，对实物保护系统进行了全面的改造和升级。四〇四厂、四〇五厂、五〇四厂、二〇二厂和八一二厂等单位的实物保护系统已经建成并投入使用。其中四〇四厂新建核设施实物保护措施均作为工程配套进行了建设，对实物保护系统进行了改造，解决了部分实物保护方面存在的薄弱环节，提升了公司核安保综合能力；八二一厂已设立了实物保护控制区、保护区和要害区，建立了总厂实物保护反应指挥中心，建立周界及场所探测系统等实物保护系统，增设了重要核设施内部技术防范措施；中核清源国家废源库安防设施进行了数次升级改造，基本满足实物保护系统的要求。

四〇四厂、二〇二厂、八一二厂等核燃料循环设施正在进行核安保专项改造申报，计划对一些设施的老旧周界、出入口、保卫控制中心等进行升级改造，项目按计划推进。

（4）核电厂网络安全水平有所提高。

国防科工局组织起草了《核设施网络安全管理办法》及配套导则，为相关监督管理提供了依据，为核设施部署实施提供了规范指导。

遵循"安全分区、横向隔离、网络专用、纵向认证"原则，各核电厂依托主管集团公司的网络安全管理体系，建立了专门的网络与信息安全机构，自上而下层层落实网络安全责任，制定了网络安全管理制度，对工控系统网络配置了主机加固、漏洞扫描、审计、入侵防护等工具，建立了态势感知系统。此外，开展了核电网络与信息安全关键技术与自主防护产品研发，提升核电行业整体管理网络及生产控制网络的安全防护水平。

中核集团各核电厂对网络安全相关管理制度进行了整体优化，编制了网络安全应急预案，每年组织开展网络安全事件应急演习，组织信息安全专项检查，涵盖了生产管理领域保密及信息安全、涉网电力监控系统安全防护等领域。对电力监控系统（涉网部分）从主机、网络设备、恶意代码防范、应用安全控制、审计、备份及容灾等多个层面落实全方位合规性安全防护要求。从技术、管理及治理三个维度构建了完整的网络安全管控体系。部分核电厂进行了信息安全管理体系（ISO27001）认证。为提升各核电厂网络安全保障能力，中核集团开展了中国核电工业控制系统信息安全研究，2018 年 5 月正式启动项目实际工作，拟定了实验室建设方案。主要技术研究方向包括建立核电工控系统安全测试平台、核电厂工控系统的安全检测及评估方法、工控系统信息安全防护技术等。

中广核集团建立了信息安全管理体系，并通过了 ISO27001 体系认证，形成了技术、监督、管理三位一体的核电网络安全管理模式。按照国家上级主管部门的有关要求与建议，优化了集团总体网络安全架构，健全了集团网络安全组织机构，成立了专门的网络安全专业处，设立了集团级的网络安全运行中心，建立了网络安全应急响应程序，配套了相应的网络安全监测、应急处置人员，完善了网络安全预警监测系统。2017 年设立的中广核集团级信息安全研发中心，主要开展集团内核电领域的网络安全标准制定、网络安全新技术的应用以及核电工控控制系统网络安全防护产品的研制，依托研发中心开展了集团内网络安全人才的培养，加强与内外部网络安全的学习交流。

（5）核电厂应对新威胁的能力不断完善。

为应对空中、水下及海域等新威胁，中国核电领域加大了核安保领域的技术研究和应用，例如，在低空防范领域开发了低空飞行物管控系统；海域防范增加了核电管制海域警示浮标投放，海面热成像全天候监控、入海口海面实体防护设施；采用人脸识别等新技术来提高核电厂核安保技术防范能力。

海南核电为了应对“低小慢”飞行器，采购了3台无人机全天候开展空域巡逻，以便发现未经允许的“低小慢”飞行器，并采取处置措施。海南核电正在组织制定“低小慢”防御系统的建设标准，待标准确定后，海南核电将完善后续的建设工作。

阳江核电已将有自主知识产权的海域安保系统投入运行，并完成车底识别、人脸识别出入控制系统和入水口热成像设施的建设。大亚湾核电和红沿河核电也将低空飞行物管控系统投入应用。

（6）核材料管制措施稳定有效。

国防科工局开展了我国核安保标准体系研究，提出了核安保标准体系基本框架和分步实施思路，编制发布了《核安保设备清单名录》；定期组织开展了核安保专项检查及核材料管制例行检查，至2020年3月底，已实现我国核设施全覆盖；在新中国成立70周年之际，对19家涉核企事业单位进行了突击检查，对专项检查发现的问题进行“回头看”，使核安保面貌焕然一新。

核设施不断完善核材料衡算与控制体系，建立总账和明细表，核材料的贮存、盘存、转移和使用均得到全面有效控制，未发生核材料丢失、被盗、非法使用、非法转移等事件。

国家核安保技术中心已完成全国核材料管理控制中心试点建设工作，并初见成效。阳江、红沿河、宁德、防城港等核设施运行了国家核材料管制新型数据库，并按时上报核材料衡算报表，核材料衡算数据满足“及时、准确、完整、规范”八字方针。台山核电公司自主研发的台山核燃料信息管理系统于2018年4月正式投用，目前运行、维护及管理情况良好，实现了燃料组件信息的可追溯性；大亚湾基地三电厂采用核电专用版核材料衡算管理系统，替换了原有旧系统，增加了干式贮存模块，目前衡算管理系统总体运行良好。

中核集团各相关单位严格遵守《中华人民共和国核材料管制条例》等有关规定，建立健全核材料管制组织机构，按照“一件不丢，一克不少”的原则严格管理，定期开展核材料实物盘存工作，确保核材料数据准确性和可追溯性，做到了账物相符，保证了核材料的安全。

2. 核技术利用安保水平提升

《城市放射性废物库安全防范系统要求》（HAD 802/01—2017）已于2017年2月4日实施，导则适用于已建、新建、改扩建废物库的安全防范系统，包括人力防范要求、实体防范要求及技术防范要求等内容。

国家放射源集中贮存库对视频监控、探测报警、出入控制、在线巡更等安保措施进行了升级改造；贮存库设置了沉重的盖板，将吊车控制设置在保卫控制室，并对人员进行了授权管理，极大地提高了国家放射源集中贮存库的安保能力。

全国31个省（区、市）城市均已开展了对放射性废物库安保系统库区安全保卫系统进行了升级改造，其中辽宁、天津、陕西、新疆、内蒙古、上海、湖南、四川、广西、云南等10个省市已完成了升级改造，其余省市正在稳步推进。

根据《核安全规划》中放射性污染防治工程要求，各省城市放射性废物库正在开展现有放射源及废物的清点核对工作，安全风险高的省市预计“十三五”末期对库内各放射性废物库房开展清库工作，集中处置收贮的废旧放射源及放射性废物。

3. 维护国际核不扩散体系

中国大力支持和积极参与国际防核扩散工作，不断完善国内核进出口管理机制，建立了较为完善的法律法规体系，形成了协调高效的组织管理体制，积累了丰富的管理实践经验。通过严格管理、规范许可，及时更新了我国《核出口管制清单》《核两用品及相关技术出口管制清单》，确保核出口合法依规，依据相关法律法规的规定，对核物项和技术依法实施进出口限制或禁止。

积极履行核不扩散国际义务，践行国家承诺，原型微堆低浓化项目于2016年3月3日实现低浓化后首次临界，2016年3月26日上午，首次实现满功率运行，标志着我国已经完全掌握微堆低浓化技术。2017年7月13日在加纳微堆现场成功完成加纳微堆低浓化后首次临界实验，并于2017年8月10日加纳微堆低浓化后首次满功率运行。2017年8月27日加纳微堆高浓铀燃料安全运回我国安全贮存，标志着加纳低浓化项目圆满完成，履行了大国承诺，"加纳模式"成功实现。目前，尼日利亚微堆低浓化相关工作正按期积极推进。

（三）规划工程进展情况

完成投资6.45亿元，其中中央投资2.78亿元，地方配套1.34亿元，企业自筹2.34亿元。主要完成核电厂实物保护改造、核电厂网络安全能力建设、研究堆实物保护改造、核燃料循环设施实物保护改造、城市放射性废物库实物保护系统升级改造和高浓铀研究堆低农化改造等69项工程项目。核设施主要重大工程进展见表7-2。

表7-2 核设施主要工程进展情况表

序号	项目名称	承担单位	项目内容简要	完成情况
1	防低空飞行物系统建设	海南核电有限公司	采购手持式低、小、慢飞行器反制设备，采购无人机全天候开展空域巡逻，发现未经允许的低、小、慢飞行器立即采取处置措施	已采购部分设备

续 表

序号	项目名称	承担单位	项目内容简要	完成情况
2	秦山第二核电厂实物保护视频监控系统综合技术改造	中核核电运行管理有限公司	优化视频监控控制单元、将视频监控全部更换为大屏显示	已完成
3	秦山第三核电厂控制优化改造项目	中核核电运行管理有限公司	保护区外侧重新划分控制区，将现管理区作为公司管理区，统一秦山核电的一体化管理	正在进行方案设计
4	秦山核电基地征地线边界围栏改造	中核核电运行管理有限公司	对秦山核电基地征地边界围栏进行改建，提升基地征地线以内区域的保卫安全管理能力建设	改建/改造方案已通过秦山核电内部审评
5	保护区车辆通道路障机升级改造	江苏核电	液压路障机升级改造，提高升降高度	处于设备商务采购阶段，预计年底之前完成
6	实物保护集成系统网络互连改造项目	江苏核电	将田湾实保系统进行融合，安保中心放置在T1UZU，统一规划，减少双安保中心人力成本	正在立项，预计可按期完成
7	一期工程CCTV监控摄像机高清化改造项目	江苏核电	视频信号由模拟转数字，清晰度大幅度提高，同时也为后续视频系统全数字化和高清化奠定基础	已完成内部审批，预计2020年完成立项工作

续 表

序号	项目名称	承担单位	项目内容简要	完成情况
8	福清核电实物保护系统红外对射探测器变更项目	上海晨晓电子科技有限公司	项目针对现场红外对射探测器性能不满足需求的问题，对其进行更换改造	已完成
9	福清核电实物保护盲区改造项目	福清核电	项目根据国防科工局检查要求对实物保护盲区加装探测器、摄像头等设备	已完成项目立项
10	福清核电实物保护系统平台改造项目	中国核电工程有限公司郑州分公司	该项目针对现实物保护软件系统不稳定问题，对系统进行改造更换，并对前端部分对应硬件进行相应的适应性更换	项目正在实施
11	第一跨添加探测手段	三门核电	对汽轮机厂房第一跨要害区墙体边界添加入侵探测手段	已完成
12	厂房纳入要害区	三门核电	将厂房整体纳入要害区，并在外围添加探测手段和视频复核设备	已完成
13	实物保护系统 EBI 平台视频存储时间扩容	三门核电	以前周界摄像机存储统一扩容，以满足反恐法要求	已完成

续 表

序号	项目名称	承担单位	项目内容简要	完成情况
14	中国核电工控实验室项目	中核核电运行管理有限公司	建立实验室，对管理信息系统、企业资源规划系统、工业控制系统等代表性信息系统进行安全分析与测试、威胁检测、信息安全等级保护、产品认证等相关业务。建立核电工控系统安全测试平台，为系统脆弱性检测、产品的入网认证、安全防护方案的验证和实施提供实验验证环境	2018年5月正式启动项目实际工作，经对核电厂调研，已初步拟定了中国核电工控信息安全实验室建设方案
15	在役核电厂工控系统信息安全现状分析及试验平台研究	江苏核电	依托田湾核电站最小化DCS系统，扩展信息安全模块，建设田湾核电站工控系统信息安全实验室，挖掘系统漏洞，完善信息安全检测手段，提升人员技能水平和攻防演练水平，并为行业提供借鉴和参考	项目正在实施
16	网络与信息系统综合预警平台开发	福建福清核电有限公司	对应用系统、主机以及网络配套进行实时监控	已完成
17	三门核电IT运维监控平台	北京世纪互联网络技术有限公司	网络安全监控工具配置，管理网络、环境应急网络搭建自动化运维监控平台	已完成

续 表

序号	项目名称	承担单位	项目内容简要	完成情况
18	按照监管要求完善电力监控系统安全防护	上海云欣技术有限公司	电力监控系统（涉网）综合防护方案实施，包括入侵检测装置、运维堡垒机、防火墙等安防设备部署	已完成，待验收
19	发电厂网络安全监测装置建设部署	—	部署网络安全监测装置	已完成初步方案编制，按调度机构要求计划2018年完成设备部署
20	昌江核电厂核燃料循环升级工程	海南核电有限公司	完成海南昌江核电厂1&2号机组长循环换料堆芯燃料管理管理相关论证和系统设备周期性相关论证，并通过国家核安全局审批，到2020年双机组实现长燃料循环换料	2018年11月已完成所有论证工作
21	加纳微堆低浓化尼日利亚微堆低浓化	原子能院	低浓铀燃料元件设计、加工与测试；低浓铀燃料外运；现场装料与调试	已完成
22	安全保卫（实物保护、信息安全、放射性物品运输）	中广核工程有限公司	1）开展放射性废物管理信息平台功能需求研究。 2）研究采用物联网技术、采集和记录数据。 3）研究与核设施、处置场各个硬件设备的数据接口，实现放射性废物动态监控	已完成

续　表

序号	项目名称	承担单位	项目内容简要	完成情况
23	核电厂工业控制系统网络安全产品研制及解决方案研究	北京广利核系统工程有限公司	研究适用于核电厂工业控制系统的网络安全防护产品，同时基于网络安全产品、等级保护、14号令、36号文等国家政策法规要求研究核电厂工业控制系统网络安全解决方案	部分完成
24	核电工控系统信息安全保障方案	中国广核电力股份有限公司	核电厂工控系统安全威胁防护平台研究；核电厂电气系统安全防护体系研究；核电工控系统等级保护基本要求和测评要求研究	已完成
25	一期实物保护监视系统改造及出入口控制系统人脸识别技术改造项目	上海核工程研究设计院有限公司	实物保护各子项出入口所有模拟摄像机更换成数字摄像机；实物保护各子项出入口增加人脸识别和布控分析系统	—
26	核电厂数字化仪控系统信息安全总体需求研究	上海核工程研究设计院	研究核电厂仪控系统信息安全防护方案及信息安全设计验证方案	—
27	NCS、调度数据网安全防护整改变更改造	山东核电	开展网络监控系统变更改造工作，增加入侵检测、病毒防护、日志审计系统	按期推进

二、《核安全规划》实施主要问题

核安保领域规划实施情况整体良好，各项任务基本按照计划稳步推进，但随着国内外核安保形势的日趋严峻，核安保水平提升工作仍存在一定的问题，主要体现在：

（1）设计基准威胁分析不够全面。

设计基准威胁是核设施所要防范的威胁能力，是对敌手的动机、意图、团伙规模、武器、爆炸物、车辆、工具、技术能力、资金水平等特征的量化描述，是实物保护系统建设和评估的依据。随着无人机技术普及、网络信息技术快速发展，入侵手段逐步多样化、专业化的特点，入侵模式也从单一的陆地延展至水域、空中、网络等全方位立体式入侵，但行业内尚未对上述威胁进行全面分析，导致国内各核设施在防范来自空中、水域、网络攻击的实物保护方案建设中存在实施依据不统一的情况。

（2）实物保护有效性评价体系有待完善。

虽然国内核设施实物保护系统的硬件建设水平较高，但在有效性评估基础理论领域仍存在一定的不足，在核安保事件后果分析、始发事件甄别、有效性评价数据库的建立等方面的理论基础有待加强，不利于新时代核安保水平的进一步提升。

（3）核安保法规要求零散，体系不健全。

从监管领域看，核安保监管主要涉及核材料、核设施、核技术利用和放射性物品运输。其中，材料安保监管有较为完整的法规体系；核设施、核技术利用和放射性物品运输的安保监管要求不成体系，零散分布在核电厂、核燃料循环设施、核技术利用与放射性物品运输的相关法规中，仅有原则性要求，没有具体内容要求，监管主要依据核安全导则。从法规层次看，核安保法规体系不健全，行政法规仅有《中华人民共和国核材料管制条例》，部门规章仅有《中华人民共和国核材料管制条例实施细则》，国家标准主要包括通用的《安全防范工程技术规范》《视频安防监控系统工程设计规范》

《出入口控制系统工程设计规范》《入侵报警系统工程设计规范》等，核安全导则包括《核设施实物保护》《核设施出入口控制》《核设施周界入侵报警系统》《核材料运输实物保护》等。核安保的行政法规和部门规章仅涉及核材料，未体现其他领域。

（4）核安保科研投入不足，技术支持力量薄弱。

核电厂海域和低空安保越来越受国家的关注和重视，但国家自然基金项目和国家科技计划项目几乎不涉及核安保科研领域。对于海上和海岛核设施，其安保技术要求与陆上核设施不同，探测、延迟、响应措施也与陆上核设施有很大差异，相关技术研究投入不足。虽然国内核安保相关机构不少，主要包括生态环境部核与辐射安全中心、国家核安保技术中心、中核设计院、中广核设计院等，但由于近年来国内核安保科研项目较少，从事核安保科研领域的业内人员总数不多，技术支持力量薄弱。

（5）地方放射性废物库缺乏资金。

地方放射性废物库目前由各个地方负责建设、运行和维护，而地方政府对放射性废物的重视性不够，普遍存在资金短缺问题，给放射性废物库的运行和维护造成较大困难。

三、《核安全规划》实施评估建议

为了“十四五”时期进一步提升国内核安保水平，建议后续开展如下工作。

针对新形势的威胁现状，开展实物保护设计基准威胁评估工作，明确国内核设施实物保护系统的防范基准，包含基于陆域、水域、空域、网络等途径的入侵特征，建立合理且全面的威胁基准。

针对实物保护有效性评价体系不够完善的情况，应加强与国外同行的交流并加大在实物保护有效性评领域科研投入，对核安保事件后果开展分析、建立有效性评价基础数据库，完善核设施实物保护有效性评价理论及工具。

开展国内核安保水平总体评估研究。我国作为核大国国际原子能机构成员国之一，签署了《核安全公约》《核材料实物保护公约》《核不扩散条约》等国际公约。同时，我国也积极参与了历届核安全峰会，并声明将与其他国际原子能成员国协力保障核设施安全，加强核安保合作。为了能更好地实现此目标，需要对国际、国内核安保水平进行对比分析研究，主要包括核安保法规标准对比分析研究和核安保措施对比分析研究两个方面。

开展实物保护系统与辐射监测、应急、消防协调性研究。近年来，核设施实物保护系统与辐射监测系统、应急系统、消防系统的矛盾日益出现，如：消防、应急要尽可能地多设消防通道和应急出入口，而实物保护则需要尽可能降低出入口的数量，以达到防范目标。同时，2018 年 2 月国家核安全局颁布的《核设施实物保护》导则对此方面提出了要求，即实物保护系统应与核设施安全运行、应急、消防和辐射防护等系统相容。目前，国内设计对这方面还未开展相关研究，依旧按照早期的设计理念进行“复制”设计。这无疑无法满足新形势下的核设施的防范目标。

核安保新技术应用研究：近年来，国内安防标准和安防技术发展迅猛。但核设施安保设备和技术却依旧采用 20 世纪 80 至 90 年代的技术，严重落后于其他行业的安防技术，甚至低于某些高档小区的安防技术水平。目前，国际安保技术发展迅速，诸多新技术已用于公安、博物馆、飞机场、地铁站、公共场所等系统，如：人脸识别系统等。此外，随着国际形势出现的新变化，近年来低空“入侵”和海域“入侵”已成为威胁核设施安全的途径。因此，亟需对近年来涌现出的核安保新技术进行研究，建立相应的防范措施。

开展海上浮动堆安保系统设计研究。目前，海上浮动堆成功立项，正在进行设计阶段的初步安全分析审查。与陆上固定式核设施相比，海上浮动堆的安防措施在防范范围、防范措施、响应方式等方面都存在本质的不同。国内尚没有出台有关的法律法规。为了推进海上浮动堆的建设，海上浮动堆安保系统的设计基准威胁、防范范围、防范措施的研究亟需开展。

开展核安保与核反恐融合发展研究。《中华人民共和国反恐怖主义法》的出台，表明了我国对打击恐怖主义的重视程度。同时，核设施作为各省反恐的重点单位，已被各省高度重视。核安保技术措施作为核设施应对恐怖事件的第一道基础“防”线，能有效地“预防”核恐怖事件。因此，核安保与核反恐融合发展研究有助于“预防”核恐怖事件。

开展特殊核设施核材料衡算技术研究。为了贯彻国家总体安全策略，打击非法偷盗核材料的恶意行为。开展特殊核设施核材料衡算技术研究是必不可少的。目前，国内对后处理设施、高温气冷堆和环轴氧化物混合燃料（MOX 燃料）元件厂等的核材料衡算技术尚不完善，亟需开展相关衡算技术研究。

针对地方放射性废物库资金不足问题，建议明确项目资金来源，加强省、地市级辐射安全监管队伍及机构装备建设，加大对基层能力建设和物质保障。

第八章　核与辐射应急领域终期评估技术报告

核与辐射安全是我国核能与核技术利用事业发展的生命线，是国家安全的重要组成部分，核与辐射事故应急工作是核与辐射安全的重要组成部分，是核安全的最后一道防线。我国历来重视核与辐射安全，持续加强和改进应急准备与响应工作，我国发布的《核安全与放射性污染防治“十三五”规划及2025年远景目标》（以下简称“《核安全规划》”）《“十三五”国家核应急工作规划》对我国核与辐射应急工作提出了明确要求，指出应坚持以习近平总书记总体国家安全观、中国核安全观等重大战略思想为指导，常备不懈地加强核与辐射应急响应工作，完善应急预案和指挥体系，强化应急救援和技术支持体系。“十三五”期间，在核与辐射应急顶层设计、体制机制建设、基础能力培养、演习演练、公众沟通、国际合作与交流等方面取得了巨大进步。同时，随着我国核工业的稳步发展，核技术的不断创新，各种新型核设施的设计建设，涉核突发事件的考验，人民群众及国际社会对核能关注度的不断提高，我国核与辐射应急工作也面临着新的形势和挑战。通过调研和分析我国核与辐射事故应急能力建设情况，结合国际上新的理念和经验，分析目前我国核与辐射事故应急管理工作中存在的问题，提出了“十四五”期间我国核与辐射事故应急工作需进一步加强的方面，包括继续完善法规标准体系建设、建立健全应急技术能力体系、完善应急支援救援体系建设和加强应急培训演练等。

一、《核安全规划》实施总体进展情况

“十三五”期间，核与辐射应急法规标准体系的建设逐步加强，

积极推进配套法规程序修订，发布了涉核领域的首部白皮书《中国的核应急》，各级应急组织不断完善，演习、演练和培训不断提高实效，应急救援力量持续提升能力，基础建设实现新进展，科技创新取得突破，国际影响力不断提升，稳妥应对涉核突发事件，核与辐射应急管理工作的体系化、专业化、规范化、科学化水平全面提升。

（一）规划目标和指标进展情况

党中央、国务院高度重视核安全与放射性污染防治工作，发布实施《中华人民共和国核安全法》（以下简称“《核安全法》”），国务院新闻办公室发表《中国的核安全》《中国的核应急》。“十三五”期间核与辐射应急能力持续发展并得到增强，基本建成适应我国核能事业发展的国家核应急体系，形成复杂条件下重特大核与辐射事故应急响应能力。完善了应急预案与指挥体系，坚持依法治核，规范管理。强化了应急救援和技术支持体系，提高了核与辐射事故处理处置水平。加强了应急演习和培训，坚持常备不懈，提升应急人员能力。

（二）规划任务措施评估情况

1. 核与辐射应急法规体系进一步健全

“十三五”期间，我国核与辐射应急法规体系建设进一步完善，相关法律、行政法规、部门规章、地方性法规及规章、核应急相关标准、政策性文件、核安全导则等一系列文件予以发布和修订。2017 年《核安全法》正式发布，对我国核应急组织、应急预案管理、应急准备金制度、应急准备、应急响应及核事故调查处理等内容进行了明确规定，为我国核应急工作有法可依的局面夯实了坚固的法制基础。目前，我国核应急领域制定了专项行政法规 1 项，部门规章 2 项，地方性法规 2 项，地方性规章 1 项，核安全导则 7 项，国家标准 16 项，基本满足我国核应急工作相关需求。

《核安全法》发布后，国家核事故应急协调委员会对正在修订中的《核电厂核事故应急管理条例》开展了进一步的征求意见和修订工作。2016 年，国家核事故应急协调委员会陆续发布了《核应急报告管理办法》《核事故信息发布管理办法》《核应急舆情引导管理办法》等一系列规范性文件。

生态环境部（国家核安全局）于 2017 年启动了《核动力厂营运单位的应急准备和应急响应》《研究堆营运单位的应急准备和应急响应》《核燃料循环设施营运单位的应急准备和应急响应》三份应急导则的修订工作，并于 2019 年 12 月正式发布了新版导则；在法规制修订"十三五"规划中组织开展了《压水堆核电厂应急行动水平的制定》《核动力厂营运单位核应急演习》等核安全导则的制定工作；制定并发布了《核动力厂场内应急计划标准审查大纲》《核动力厂场内应急设施设计准则》《核动力厂核应急演习及应急专项检查监督评估指导手册》，翻译了 INPO 14-003《Emergency Drill and Exercise Guideline》等一系列技术文件；同时制定并发布了核电厂、研究堆、核燃料循环设施应急相关参数三项行业标准，以及《应急监测中环境样品 γ 核素测量技术规范》等行业标准。

"十三五"期间，2016 年江苏省人大组织制定并发布了《江苏省核事故预防和应急管理条例》；2018 年，广东省人大对《广东省民用核设施核事故预防和应急管理条例》进行了第三次修正；2016 年，福建省政府发布了《福建省核电厂环境辐射防护办法》，对核应急管理要求进行了专项规定。

2. 核与辐射应急预案体系不断完善

初步建立全国核应急预案管理数据库。印发了《核应急预案管理办法》，正在开展《国家核应急预案》修订；生态环境部完成《生态环境部核事故应急预案》《生态环境部辐射事故应急预案》及配套专项实施方案制修订。核应急协调委相关单位预案体系与时俱进，进一步优化完善，各涉核省份陆续发布和更新了省级的核应急预案，各核设施营运单位定期对其场内核应急预案进行修订。完成了对重点核设施地区核应急预案落实情况检查评估。

江苏省成为全国首个建立核安全工作协调机制省份。根据《核安全法》《中华人民共和国国家安全法》和省委、省政府有关部署，省生态环境厅牵头负责，联合卫生、公安、交通、应急管理、海关、人防等部门印发《江苏省核安全协调工作机制》。

核与辐射预案体系进一步向基层延伸。各省（区、市）共制修订各级核应急预案 27 次，辐射应急预案 45 次；市县一级核与辐射应急预案及实施程序制修订有序推进。各涉核集团共修订核应急预案 15 次及执行程序近百次。

3. 核与辐射应急指挥体系持续优化

实现国家核应急响应（指挥）中心与 4 家国家级核应急专业技术支持中心专网互联互通，加强信息交流和共享。生态环境部核与辐射应急专网联通所有地区核与辐射安全监督站、所有省级辐射监测机构、所有在运核电厂，实现了辐射环境监测数据共享、核设施应急关键实时参数传输收集。完善了监管部门核与辐射事故应急平台建设，基本形成了相对完整的国家－省级－现场三个层级的核与辐射事故应急监测调度网络体系，整合集成指挥、监测、协调、信息报送等功能。

国家核应急协调委成员单位、省级核应急组织、涉核集团公司、有关院校、核设施营运单位完善了本级核应急指挥中心建设。生态环境部（国家核安全局）在吉林长白山、延吉建立了前沿指挥部和辐射监测实验室。山东省新建成荣成核应急指挥中心（荣成核应急前沿指挥所），福建省建成宁德市核应急指挥中心，福鼎市核应急指挥中心。国电投集团建成公司核应急指挥中心，中国华能集团新建成石岛湾公司应急指挥中心。广东、福建和山东等省份核应急前沿指挥所以及核应急机动指挥平台建设进一步加强。

4. 建成中国核应急救援队，强化救援体系

基本建成中国核应急救援队并不断加强救援能力建设。国家核事故应急支援基地建设工作进一步开展，核电集团核事故场内应急支援队伍初步建成，核电集团内部和集团间的应急相互救援机制逐步完善。

2016 年 5 月 24 日，中国核应急救援队正式成立，共计 320 人，设立了 8 个国家级核应急专业技术支持中心，25 支救援分队和 3 个培训基地。在国家核应急体制框架下，依托我国现有核应急力量，主要承担复杂条件下重特大核事故突击抢险和紧急处置任务，并参与国际核应急救援行动。核安全与核应急保障能力和泛亚核爆探测及地震监测工程成功落地，10 余个国家级核应急项目稳步实施。卫生健康委"十三五"期间已在辽宁、吉林、黑龙江、安徽、海南和新疆等地建设核辐射紧急医学救援基地。

"十三五"期间，在前期国家核安全局的总体要求和各集团公司签署相应合作协议的基础上，各集团下属各邻近核电厂陆续签订了相互支援协议，编制相互支援行动方案，建立起就近快速相互支援机制。在实体支援基地建设方面，中核集团、中广核集团、国电投集团分别组建了集团级核事故应急支援队伍，并分别选定了秦山基地、大亚湾与阳江基地、烟台基地为三大核应急支援基地，为各自集团提供应急支援行动的长期可靠保障，并为区域内所有核电厂提供应急支援准备与响应工作。

5. 重点省份核与辐射应急能力持续提升

广东省 2016 年新建了省核应急指挥中心粤西前沿指挥部，实现了对粤西核电厂事故应急靠前指挥。2017 年完成了省核应急指挥系统高清标准化建设。建设了广东省环境辐射监测中心核应急监测指挥系统平台。完善核应急监测网络与技术支持体系。江苏省建成核应急前沿监测基地；新建核电辐射预警与事故评价系统，可与省核应急办核应急指挥中心、省核管中心会议中心连接。福建省设

有福建省核与辐射环境监管指挥决策系统，含核应急指挥协同分系统、核应急后果评价分系统等。在核电厂所在县（市）均建有核应急机动指挥平台。

辽宁省在丹东建设前沿应急监测实验室，具备前沿应急检测样品就地分析检测，提供数据结果的能力；湖北省建成湖北省环境监控中心大楼；青海省在“十三五”期间分步骤完成5个州快速应急监测系统建设。

6. 核与辐射应急演练与培训不断加强

《核电厂核事故应急管理条例》《突发事件应急预案管理办法》《突发事件应急演练指南》《核应急演习管理规定》等法规和相关规定中明确了核应急演习原则、组织机构、内容形式、分类频次、保障准备、实施程序等。为适应核能发展需要，规定国家层面每3年至5年举行一次核应急综合（联合）演习；相关省（区、市）每2年至4年举行一次本级场内场外核应急综合（联合）演习；核设施营运单位每2年组织一次综合演习。拥有3台以上运行机组的核设施营运单位，演习频度应适当增加；核电厂首次装投料前，所在地省级核应急管理机构应组织场内场外综合（联合）演习。

“十三五”期间，我国与国际原子能机构开展10余次公约演习，定期开展中日韩三国区域性演习交流活动，指导香港特区政府组织“棋盘”系列核应急演习。卫生健康委组织“核卫”系列演习。海关总署组织中俄防范核及其他放射性物质非法贩卖联合演练，数十次口岸涉核突发事件应急处置演练。气象局完成世界气象组织与国际原子能机构的涉核气象联合演习。辽宁、吉林、江苏、浙江、福建、山东、广东、广西、海南等省年均开展一次综合演习。各核设施按照规定每1年至2年开展一次综合应急演习，检验预案，锻炼队伍，提升应急能力。

生态环境部（国家核安全局）从2014年开始，组织各省级生态环境部门开展针对性的核与辐射事故应急演习工作。截至2018年10月，全国所有省份已经全部完成省级核与辐射事故应急演习工作。通过演习以点带面、以演代训、互学互鉴、示范引领的方式，全面提高了各级地方政府应对核与辐射事故的综合应急能力，促进了各省生态环境部门核与辐射事故应急响应实战能力的全面提升。

完善了国家核应急管理培训体系，定期组织应急指挥决策层参加应急管理培训。建立三级核应急培训制度。国家核应急协调委组织开展全国核应急管理人员培训，负责国家核应急协调委成员单位、省核应急组织和核设施营运单位核应急组织负责人及骨干的培训。省核应急组织和核设施营运单位负责各自核应急队伍专业技术培训，国家核应急办及国家核应急协调委有关成员单位给予指导。核设施营运单位负责本单位核应急工作人员专业技术培训。配合中央党校在省部级领导干部培训班开设涉核专题课程，定期举办国家核应急管理干部培训班。各省开展核与辐射应急相关培训 140 余次。

7. 核与辐射应急科研工作进一步深化

“十三五”期间，我国进一步加强了应急领域的科技研发工作，积极推动应急领域产学研结合，推进科技创新，开展核事故后果评价技术研究，加强核应急基础技术研究，科学划分核应急状态等级，深化对各类核设施应急行动水平和应急计划区划分等相关基础问题研究，推进核与辐射应急专用设备研发，深化核应急医学救治技术研究，取得一批科技创新成果，部分成果达到国际先进水平，全面为核与辐射应急工作提供技术支撑。

（1）核事故后果评价技术研究。

坚持技术引进与自主创新相结合，目前我国已初步在国家、省级政府和核电厂三级构建起核电厂核事故后果评价体系。我国核电厂核事故后果评价技术经历两代发展，后果评价技术发展逐步成熟，多尺度集成模式逐渐成为主流。国家层面系统逐步向自主化发展，省级和核电厂系统以引进为主，各级核应急组织后果评价系统逐步建立。

（2）应急理论基础研究。

在核与辐射安全法规制修订“十三五”规划中组织开展了《压水堆核电厂应急行动水平的制定》工作。开展“研究堆应急行动水平的示例”相关研究工作，明确了我国研究堆应急行动水平的基本特征、识别类及基本矩阵形式等要素。根据我国研究堆目前的实际情况以及多年来的核应急工作经验，并结合国际上近年来对应急计划区划分的研究进展情况，开展了“研究堆应急计划区划分”相关研究工作，重新界定了我国研究堆应急计划区的划分原则。相关理论成果在新发布的核安全导则《研究堆营运单位的应急准备和应急响应》中予以应用。

（3）应急专用设备研发。

我国高度重视核应急专用装备研发。重点推进核应急辐射监测、辐射防护、医学救援、去污洗消等装备研发和系统集成。自主研制车（船）载巡测设备、航空辐射监测系统、辐射监测与事故响应智能机器人等，以及车（船）载核应急指挥系统、核应急医学分类及监测平台、医疗支援系统等。2017 年 12 月，由中广核研究院设计并供货的红沿河核电二期工程应急柴油发电机组（简称“EDG”），首台机顺利通过一系列出厂验收试验，首次实现百万千瓦级核电机组 EDG 的完全自主设计及自主制造。

8. 公众沟通机制有效落实

我国高度重视应急公众沟通和信息发布，明确公开透明、客观真实、权威可信、科学通俗的工作原则。增加核能发展透明度，确保公众享有核安全监督权、核应急准备与响应知情权。各省份和各核设施积极建设公共宣传展厅，开展公众沟通活动。

2013 年以来，我国以“共筑核应急核安全防线、共促核能事业科学发展”为主题，多次组织全国范围核应急宣传活动，国内外受众面达到 10 亿人次。2015 年，利用中国核工业创建 60 周年契机，开展一系列面向国内外的宣传活动。组织媒体走进中国核电企业，开展“助推核能发展、助力‘一带一路’”采访活动。核电省份和中核集团、中广核集团、国电投集团、华能集团及高校搭建宣传教育平台，运用网络和媒体等各种手段，普及核能知识和核应急常识。

2016年，我国发布了涉核领域的首部白皮书《中国的核应急》，表明了积极参与构建国际核安全应急体系，共同解决核应急领域面临的重大课题，不断提升核应急准备与响应水平的决心。

9. 应急响应与保障工作顺利开展

国家对核事故应急实行分级管理。发生核事故时，核设施营运单位应当按照应急预案的要求开展应急响应，减轻事故后果，并立即向国务院核工业主管部门、核安全监督管理部门和省、自治区、直辖市人民政府指定的部门报告核设施状况，根据需要提出场外应急响应行动建议。我国的核应急状态分为以下四级：应急待命、厂房应急、场区应急、场外应急。参照国际原子能机构核事故事件分级表（INES），根据核事故性质、严重程度及辐射后果影响范围，确定核事故级别。应急待命、厂房应急、场区应急、场外应急，分别对应Ⅳ级响应、Ⅲ级响应、Ⅱ级响应、Ⅰ级响应。我国辐射事故根据事故性质、严重程度、可控性和影响范围等因素分为特别重大、重大、较大和一般辐射事故四个等级。

"十三五"期间，国家核与辐射应急体系积极做好大型国事、主场外交期间核与辐射应急保障工作。党的十九大、G20峰会、香港回归20周年庆祝活动、金砖会晤、"上合组织"会议、中非合作论坛、"一带一路"高峰论坛期间，国家核应急办、国家核安全局等部门与北京、江苏、浙江、福建、山东、广东等省市相互配合，加强值守，深化检查、处置情况，为任务成功力作贡献。组织完成"嫦娥三号""嫦娥四号"核应急保障任务。

在"十三五"期间，生态环境部启动朝核辐射环境相关应急预案，成功组织了第五、第六次朝核应急工作，同时，东北三省、山东、东北监督站及生态环境部本级的核与辐射应急监测调度平台顺利通过验收并投入使用，东北长白山地区应急指挥中心建设完成。部分省份开展辐射事故应急快速响应机制研究，推动辐射应急精细化监管。

10. 国际合作与交流多层次开展

我国始终致力于同世界各国一道推动建立国际核安全应急体系，促进各国共享和平利用核能事业成果，坚定不移支持和推进核与辐射应急领域国际合作与交流。中国与国际原子能机构等国际组织在核与辐射应急领域开展多层次、全方位合作，与世界有关国家合作与交流不断拓展。适应核安全峰会后国际形势，与美国、俄罗斯、法国、巴基斯坦等国建立完善核安全联络机制，将核应急合作与交流列入议题。相关部门开展与美国、俄罗斯、法国、德国、捷克、日本、韩国、欧盟等国家和组织核领域合作交流。推进与巴基斯坦等核电出口国家核应急合作。海关总署在防范核及其他放射性物质非法贩运合作领域，持续深化与美国、俄罗斯、哈萨克斯坦等国合作。地震局参加全面核试条约组织相关工作，交流良好经验，拓展核应急监测领域国际合作内容。持续举办核与辐射应急领域国际学术交流活动。中日韩建立核事故及早通报框架和专家交流机制，定期开展相关领域合作，观摩核应急演习。

（三）重点工程完成情况评估

核事故应急保障工程。完成投资 11.55 亿元，其中中央投资 3.57 亿元，地方配套 2.24 亿元，企业自筹 5.74 亿元。主要完成国家核事故应急救（支）援体系建设、边境及周边地区应急监测能力建设、省级应急能力建设、重点单位和核电集团公司应急能力建设等 44 项工程项目。

1. 国家核事故应急救（支）援体系建设项目

中央投资 1.6 亿元，由中核集团承建中国核应急救援队工程抢险分队和中国核应急救援队操作技能训练基地，工程抢险分队主要负责协助核设施单位封控核事故源头、恢复电力供应、维持堆芯冷却、保障工艺系统运行等任务；承担核活动事故救援、核反恐及国际履约救援等任务。操作技能训练基地主要负责模拟放射性污染区的无损探伤、焊接、切割、设备部件加工和检修更换等操作技能培训任务。国电投集团投资 3.8 亿元建设完成集团公司核应急支援基地和支援队伍，主要包括核电培训设施、物资储备设施、技术支持设施。

2. 省级应急能力建设项目

完成江苏、浙江、广东、福建、广西、辽宁、山东、海南等各核电省份应急指挥、救援能力建设并完善应急物资储备，省级核应急医学救援队伍建设，配备现场医学救援装备。其中中央投资 5600 余万元，地方配套资金 2.2 亿余元，企业自筹 4200 余万元。加强了核与辐射紧急医学救援能力、辐射监测分析能力，完善了应急指挥系统设备、核与辐射应急监测及处置设备配置；部分省建设了具有支撑核突发事件应急监测预警、信息处理、后果评价、指挥调度、制定决策等功能的核应急指挥信息平台，提高了各省核与辐射应急能力。

3. 重点单位和核电集团公司应急能力建设项目

中央投资 8 600 余万元在中国核动力研究设计院建成应急指挥和控制系统、应急通信及广播系统、应急辐射监测系统、医疗救护系统、应急洗消系统、消防系统、后勤保障及抢险抢修系统。

中核集团自筹 1.1 亿元开展中核集团应急支援基地建设，已建成中核集团核电厂核事故应急场内快速支援队伍。目前正在根据建设方案重新编制“中核集团应急支援基地项目建议书”，后续拟加快推进中核集团应急支援基地建设。秦山核电完成应急指挥决策支持系统升级改造，提升应急响应能力。

中广核集团自筹 3 200 余万元建设阳江应急支援基地于 2019 年 7 月投入使用；大亚湾支援基地 2017 年已开工建设，计划于

2020 年投运使用。完成机组诊断和源项评估软件标准化、偏离事故规程策略研究，优化应急网络指挥系统安全性。

国电投集团依托烟台核电基地设立应急物资储备库。建设了集团核应急支援队，成立了“集团公司核应急支援队海阳核电厂支援队”。

二、《核安全规划》实施主要问题

在落实“十三五”规划任务中，仍然存在如下方面的问题需要进一步完善。一是部分法律法规、管理规定及技术标准制定修订相对滞后；二是核应急领域科技创新有待加强，提升核应急响应技术能力和水平；三是应急物资储备不足；四是部分国家核应急技术支持中心和救援分队响应能力与相关建设规范标准要求还有差距；五是核应急工作机制体制仍须进一步优化，工作人员业务能力培训仍需加强。

（一）法规标准体系仍需完善

总体而言，作为目前世界上核电在建规模最大的国家，我国核安全及核应急相关法规明显不够完备，原子能基本法缺失，《突发事件应对法》仅为综合性的要求，在制度设计方面缺少对核应急特殊性的研究，缺乏可操作性。结合本次新冠病毒疫情防控的经验反馈，《放射性污染防治法》《核安全法》中关于核与辐射应急的规定明显不够完善，相关规定均较为原则，公众的撤离、安置、临时补救赔偿措施等重要问题未予体现，缺乏对公民基本权利保障的制度设计，对地方政府采取应急响应措施缺乏一定的授权，核与辐射应急主管部门的定位、事故调查处理、后续处理方式等相关问题的规定不充分。

各级《核事故应急预案》《辐射事故应急预案》及相关配套的各种应急专项预案还没有进行及时修订，四川等涉核省份未发布相应的专项《核事故应急预案》。此外，缺少针对辐射事故应急监督管理的相关法规，在辐射事故应急预案编制、审批方面，仍然存在对预案层级理解分歧、编制规定不够明确、缺乏全国统一的预案管理和备案办法等问题。

2011 年日本福岛核事故发生后，国际原子能机构于 2014 年、2015 年先后发布新版《辐射防护与辐射源安全：国际基本安全标准》（GSR Part 3）和《核或辐射应急的准备与响应》（GSR Part 7），辐射防护、核与辐射应急理念发生较大变化，我国核与辐射应急部分技术标准需进一步完善。

（二）相关技术能力仍存在不足

核电厂严重事故机理复杂，目前的认知和预测能力有限，加上堆型种类多，严重事故机理研究和试验验证、软件开发等方面与发达国家差距较大。全国核与辐射应急监测调度平台建成多年，硬件设备老化、脱保，软件系统亟需融入最新的应急管理理念和技术手段。核与辐射应急培训、演练及应急响应时事故模拟依赖传统方法，缺乏大数据、三维建模等现代化手段。核事故海上应急监测、后果评价、放射性污染处置的技术研发和能力基本空白。各省、区、市在核与辐射应急人才队伍、专家储备严重不足，除个别有核大省外，其他省份若发生严重核与辐射安全事故，往往要依赖国家和相关省份专家和专业力量的支援。

核事故后果评价能力建设滞后。目前，我国尚未建立统一的核事故后果评价机制，在核事故后果评价方面缺少具体的法规参考，系统开发缺乏统一标准，未形成统一的后果评价结果应用机制。国家、省级政府与核电厂所开发的系统在规模和功能设计等方面，还缺乏充分的总体规划与协调，各级系统没有形成资源共享和优势互补，各级系统使用中存在不同程度的问题，评价人员专业化程度不够、系统的升级工作滞后。

应急监测能力建设亟待加强。目前，总体规划整体布局较薄弱，无法有效满足监管要求。现有规划的技术分析略显滞后，缺乏人员和技术的配套建设规划，软实力发展较为滞后。

（三）应急物资储备不足

核应急体系中各单位要做好应急准备和响应的资金保障、设备保障、物资保障工作。各单位在应急响应期间的各项保障到位，但在应急准备工作中，往往存在没有专项应急维保经费、应急设备维修更新不及时、应急物资管理制度不完善、各单位缺少应急物资互相支援制度的问题。特别是大量辐射监测设备是国外产品，在应急期间容易发生受制于人的现象，亟需建立国家、省、核设施营运单位和部分装备制造企业应急设备物资储备基地，建立全国统一的应急资源调配管理系统，建立健全省际、地市、核设施营运单位之间核应急专用物资储备互助机制，实现部分专用核应急物资共享。

区域应急监测资源配置不均衡。生态环境系统核与辐射应急监测体系以国家级应急监测力量为核心，目前配置了核与辐射安全中心应急监测队伍、浙江省监测技术中心等国家级应急监测力量，在沿海部分经济发达省份配置了较为完备的应急监测队伍和设备，为应对东北亚地区复杂多变的国际局势，我国在东北区域也建设了高水平的应急监测体系。但相比而言，我国其他区域如西北、西南等区域的应急资源配置相对较少，应急物资储备有一定差距，在区域上难以形成全面覆盖的格局。

（四）应急救援体系仍不完善

根据核电集团公司核电厂核事故应急场内快速救援队伍建设总体要求和技术要求，核电集团核事故应急救援力量建设坚持“两步走”的策略，目前还未完全实施第二步，“十三五”期间，中核集团、中广核救援基地建设进展较为缓慢。

我国在“十三五”基本建成中国核应急救援队，国家核事故应急支援基地，核电集团核事故场内应急支援队伍。但是由于国家核应急救援队伍之间工作对接和协调能力相对薄弱，应急队员响应能力有待提高，未能制定详细的应急响应协同方案，在应急工作中难以形成合力。国家救援队伍与集团支援队伍缺乏分工合作的联动机制，定位和接口关系未能进一步明晰，应急资源信息共享不足。集团应急支援方面仍有一些影响支援行动执行效果的细节需进一步完善和细化，如集团间相互支援、支援装备的通用性改造、支援设施设备使用后的处置等问题。应急救援、支援力量与核设施营运单位、地方应急组织之间的协调性有待磨合。

（五）应急人员短缺、能力不足

我国核事故应急与辐射事故应急在政府管理层面有着不同的机制。核事故应急方面，国家明确由核事故应急协调委负责，科工局负责日常工作，地方政府层面，核应急协调委常设机构分设在生态环境部门、国防科工部门、民防部门等。辐射事故应急方面，由地方生态环境部门、公安部门、卫生健康主管部门按职责分工做好相应的辐射事故应急工作，生态环境部门负责辐射事故的应急响应、调查处理和定性定级工作，目前，我国地方政府层面存在着管理人员不够，专业人员不足的情况，核与辐射应急是一项专业性要求较高的工作，应进一步保障应急队伍的专业化。在规划中存在重工程建设轻人员培养的情况，导致应急人才队伍建设相对落后。同时大部分应急组织人员并非专业应急工作者，只在应急响应时参加应急工作，因此需要持续维持相关人员应急工作能力。随着我国经济发展及核电建设，应急相关专业人员流动性较大，存在人才流失现象，导致应急人员短缺。

国家核安全局虽已有近千人的核与辐射应急队伍，但从核与辐射应急监管的总体要求出发，针对一体化指挥运作，各级应急组织的协调指挥和技术衔接配合还有待优化，离建成一个运作机制简明高效、人员训练有素、物资装备保障有力、能够高可靠性地实现应急响应目标的组织体系还有一定距离。

三、《核安全规划》实施评估建议

“十四五”期间，我国核与辐射事故应急工作需进一步完善法规标准体系建设、建立健全应急技术能力体系、完善应急支援救援体系建设核加强应急培训演练，深化区域合作，加强国际交流，全面建成与我国核能与核技术利用事业发展相适应的新时代国家核与辐射应急体系，不断推进核与辐射应急管理体系和能力现代化。

（一）持续完善法规标准体系建设

推进原子能法的制定，研究核应急单行法的基础，推进核事故应急监督管理法规制定，修订核应急相关部门规章，并进一步完善相关导则的修订工作，加强地方性法规、规章的制定工作，完善应急预案，全方位构建科学、完善的核与辐射应急法规体系。

1. 扩充部门法框架，推进核与辐射应急单行法的制定

重视原子能法研究和制定，完善核与辐射应急法律定位，推进建立核与辐射应急研究与技术开发制度。从法律层面强化应对核与辐射事故的制度保障，研究、推进核与辐射应急单行法的制定工作。

2. 适应当前应急发展形势，推进升版相应法规标准

完成《核电厂核事故应急管理条例》的修订工作，推进核设施核事故应急监督管理条例的制定，完善核设施核事故应急监督管理工作。

修订《中华人民共和国核电厂核事故应急管理条例实施细则之一——核电厂营运单位的应急准备和应急响应》（HAF002/01-1998），推进研究堆和核燃料循环设施核应急相关规章修订与制定。细化核应急技术要求，完成应急行动水平和核应急演习相关导则的制定工作，加快核应急相关技术文件的修订及编制。

推进《放射性污染防治法》及相关法规的修订，制定《辐射事

故应急预案管理办法》等相关法规文件，规范辐射事故应急管理机制及相关要求，完善我国核与辐射安全法规体系。根据实际情况完成修订现行核应急计划与准备系列国标 GB/T17680.1－12，并补充编制配套的其他核应急国家标准，建立和健全我国的核应急标准体系。加强新型反应堆和乏燃料后处理及运输核应急相关法规标准的研究和制定。

及时消化吸收国际原子能机构（IAEA）、国际放射防护委员会（ICRP）关于核与辐射应急干预的新概念和国际社会核应急经验反馈，更新我国核与辐射应急的技术标准，确保我国核与辐射应急技术标准具有国际先进性。

3. 健全应急预案体系

结合我国目前核应急工作的实际情况，完成《国家核应急预案》的新一轮适应性修订工作，国家核事故应急协调委成员单位、省级及核设施营运单位核应急组织应结合本部门、本地区、本单位具体情况，完成核应急预案及执行程序的修编，加强各级各类预案的动态管理，提高预案的针对性、有效性和可操作性。结合新发布的核应急相关导则，全面启动各核设施营运单位场内核应急预案的修订工作。

中央和地方各级辐射应急组织应结合本部门、本地区具体情况，完成辐射应急预案及执行程序的修编，加强各级预案的动态管理，提高预案的针对性、有效性和可操作性。制定全国统一的辐射事故应急预案管理和备案办法、出台相关编制标准，并通过适时组织专项监督检查和业务培训，进一步推动全国各级辐射事故应急预案管理工作。

（二）建立健全应急技术能力体系

1. 加强事故预防与缓解措施研究

加强严重事故机理基础研究。进一步加强反应堆堆芯熔化机理、堆内熔融物压力容器内外部滞留技术等基础研究和试验工作。优化严重事故的预防与缓解措施。加强实验和理论分析，论证采取的安全策略的有效性。加强严重事故管理导则的优化和验证，做好应急接口工作。

2. 提高事故响应及事故后管理能力

加强堆芯诊断、事故源项分析、辐射后果评价能力建设，加强海上应急监测、辐射后果评价能力建设，填补能力空白。构建囊括核设施厂址环境特征、辐射防护、环境监测、应急防护与响应行动、公众沟通等要素的大数据信息库。充分吸收事故后管理国际经验，提出核事故后环境恢复、污染治理、废物处置等系统性管理策略及具体技术要求。

（三）加强应急物资储备、完善应急救援体系

1. 建立全国统一的核应急信息平台

建立全国统一的应急专网和应急信息平台，实现信息共享、能力共享，统一指挥调度和资源调配。完善重大自然灾害信息获取机制，建立核安全、辐射监测、应急管理、气象、地震、海洋、国土、卫健、水利、检验检疫、农林、公安等相关数据共享机制。

2. 建立风险评估和事故预警响应体系

构建“关口前移”预警体系。研究通过核设施在线信息监控系统的实时数据和历史数据的对比分析，结合多学科领域的经验，智能预防、诊断和预测；构建核设施厂址环境条件，特别是极端自然灾害的大数据信息库，开展重大自然灾害引发核事故的预警研究，加强核与辐射事故的主动预防能力，降低核事故发生的可能性。

3. 建立国家救援支援力量协调机制

进一步明确国家核事故应急救援力量、核电集团公司核事故应急支援力量定位和接口关系，加强应急救援、支援力量实战化协同演练，磨合、优化核与辐射应急救援、支援机制，细化救援、支援

力量建设技术指标，持续改进和不断提升核应急救援、支援能力。

4. 加强应急物资储备能力

在全国范围内推进建设区域应急物资储备库。建立国家、省、核设施营运单位和部分装备制造企业应急设备物资储备基地，配备覆盖运行、维修、监测等领域的运输车辆、远程遥控设备、柴油机、辐射探测设备，建立全国统一的应急资源调配管理系统，实现物资设备共建、共享、共用，做到核应急支援力量分布可视化、配备地域差异化。

5. 加强与其他相关工作的融合发展

在国家安全、国家应急体系以及核安全工作协调机制框架下，统筹各类应急体系和工作协调机制，强化平战结合、积极兼容，强化各负其责、联防联控，强化信息共享、资源共用，积极协调与应急管理部等非核应急组织、管理部门的联络和沟通。研究重大自然灾害、突发环境事件等对核设施、核技术利用装置等的安全影响，补齐能力短板。

（四）加强应急培训演练

1. 提升应急演练效果和水平

定期组织区域性、专业类、模块式核与辐射应急演习，进一步加强与核设施营运单位、各省（区、市）生态环境部门核与辐射事故应急联动演练，开发基于大数据、数字仿真等技术的应急演练手段，增强应急演练检验效果。完善情景库，研究开展实现不通知、重要环节不压缩的核设施应急综合演习，进一步强化针对严重事故应急的培训和演练，做到临危不乱、决策科学、行动迅速、处置得当。进一步提高各省生态环境部门核与辐射事故应急演习实战化、专业化、针对性，加强对地方生态环境部门核事故应急监测工作的指导。

2. 加强应急培训

落实法律法规相关要求，加强核与辐射应急培训管理，定期开展全员覆盖的核与辐射应急培训，探索应急培训新模式，建设应急实训演练基地，省（区、市）核应急管理机构、核设施营运单位及其所属集团公司进一步健全完善培训制度，强化本级核应急专业技术和管理培训。鼓励全行业人员积极参加核与辐射应急培训，持续提升应急响应能力，建立全国核与辐射应急专家库。

（五）深化区域合作，建设应急领域国际交流与救援机制

加强国际履约，促进履约成果转化，强化核安全双多边国际交流与合作。积极开展核与辐射应急领域技术、装备、人才、能力和标准等多层次、全方位的对外输出，向全球推广我国先进的核应急技术和成功经验，支持我国核电“走出去”战略，加强与我出口核电国家核应急工作交流。做好内地与港澳台地区核应急领域合作与交流相关工作。积极参加国际核应急演习演练，提高国际重特大核事故应急救援能力，争取在构建公平、开放、合作、共赢的国际核应急系统中发挥核大国的主导作用，提升国际影响力。

第九章　科研领域终期评估技术报告

科技是国家强盛之基，创新是民族进步之魂。科技创新愈发得到党和国家的高度重视。国家国民经济和社会发展第十四个五年规划当中明确提出“坚持创新核心地位，加快建设科技强国”的战略发展目标。核安全科技研发是核能与核技术利用事业发展的根本保障，也是国家科技创新体系的重要组成部分。

《核安全与放射性污染防治“十三五”规划及2025年远景目标》（以下简称《核安全规划》）在核安全科技研发领域提出了“建立完善研发平台”和“推进重点技术研发”两方面具体要求，根据各有关部门提供的规划实施情况材料和省（区、市）、各涉核集团和企事业单位提交的自评估报告，对“十三五”期间核安全科技研发工作的实施进展进行了终期评估，对存在的问题进行了深刻分析，并提出了“十四五”工作的思路建议。

一、《核安全规划》实施完成情况

根据《核安全规划》的要求，利用国家科技重大专项、核能开发科研等科研专项渠道，进一步建立和完善核安全科技研发平台；同时，应按照夯实基础、突破瓶颈、提升水平、拓展领先的总体思路，开展严重事故分析研究等12个重点领域的技术研发。“十三五”期间，通过《核安全规划》实施，共投入资金25.26亿元，其中中央投资21.52元，地方配套0.43元，企业自筹3.31元。重点领域科技研发攻关取得了一定的突破，科技研发项目取得了一定成果，核安全科研创新能力得到了进一步提升，为持续提升我国核安全整体水平提供了有力的保障。

一是系统布局“核安全与先进核能技术”重点专项，从基础研究、重大共性关键技术研究到规模化验证全链条布局，开展核电厂安全增强措施、先进核电标准体系、严重事故缓解、关键设计分析软件自主开发及验证、核事故后果评价与决策支持等核安全技术研发，突破制约自主化发展的核心技术瓶颈。二是核安全技术研发平台进一步健全完善，核电自主研发能力得到大幅提升。三是围绕严重事故分析、设备材料老化评估及运行许可证延续、风险指引型核安全监管等12个重点领域开展80余项技术研究，强化新型反应堆安全评估验证、核电厂严重事故分析、安全分析软件评价等技术支撑。

（一）核安全科技研发平台建立和完善情况

按照“十三五”规划对科技创新的要求，有关企业及科研单位充分利用国家科技专项、核能开发科研及退役治理专项等科研资金及渠道，在国家相关部委及地方政府、各核电集团的支持下，开展了4个核安全技术研发平台建设工作。包括核电人因工程实验室、核电信息安全研发中心、核电泵水力开发工程技术研究中心等平台，涵盖人因工程综合性试验研发、新一代核电厂工业控制系统信息安全及互联网与云计算信息安全研究等领域。具体平台建设情况详见表9-1。

同时，“十三五”期间，核电自主研发能力得到大幅提升。“华龙一号”“国和一号”、高温气冷堆等自主技术示范工程进展顺利，重点节点均按计划推进——全球首台“华龙一号”机组处于调试阶段，2020年11月完成首次并网；先进压水堆重大专项CAP1400示范工程已具备开工及开工后连续施工条件；全球首座高温气冷堆核电厂示范工程已完成主要系统设备安装，进入全面系统调试阶段。小型模块式动力堆、示范快堆、钍基熔盐堆等新一代核能系统研发与国际水平基本同步，新一代“人造太阳”环流器2M装置建成并首次放电。推动主泵、二三级泵和阀门、热交换器传热管、焊材、仪控系统、传感器、电缆等关键设备和材料技术研发，设备供应链自主化水平进一步提升。

表 9-1　核安全科技研发平台建立和完善情况

序号	平台名称	承担单位	起止时间	投资金额	研究内容	完成情况及存在问题
1	核电信息安全研发中心	中广核集团	2017 年至 2020 年	企业自筹资金 1990 万元	新一代核电厂（包括"华龙一号"、小堆等）工业控制系统信息安全研究，核电信息安全标准与测评研究，互联网与云计算信息安全研究	完成研发中心机制建设，设立核电工业控制系统网络安全实验室等，建立了核电工业控制系统网络安全测试验证平台
2	核电人因工程实验室	国家电力投资集团	2017 年至今		人因工程综合性试验研发基地，支持核电产业链多专业、多堆型的研究、设计和验证工作	建设中

续 表

序号	平台名称	承担单位	起止时间	投资金额	研究内容	完成情况及存在问题
3	放射性污染控制创新实验室	广东省辐射中心	2017年4月至今	自筹资金150万元	依托省环境辐射监测中心粤西区域中心，建设放射性污染控制创新实验室，开展受放射性污染植物修复的研究，探索放射性核素对不同植物的生态效应和影响，以及核素在土壤及生物中的迁移转化规律	新建核素迁移实验场，将铀矿冶受污染的场地土壤转移至场内，栽种苋菜、空心菜、芥菜等蔬菜，测量铀及其子体在不同蔬菜、不同部位中的分布；分析不同类型伴生放射性矿废渣的理化性质，用不同废渣模拟填埋实验，监测渗滤液中天然核素的浓度，分析填埋可能造成的环境影响。 目前已发表研究论文一篇，但由于没有在省环保专项或省科技厅立项，未获财政支持，项目推进较慢

续　表

序号	平台名称	承担单位	起止时间	投资金额	研究内容	完成情况及存在问题
4	核电厂安全状态评价和经验反馈系统	中广核集团	2016年1月至2020年12月	企业自筹资金2682.5万元	对核电厂安全状态评价技术的研究，包括SDP、MSPI等评价技术研究及相应工具研发。 助红沿河核电厂正在开展1—4号机组PSA工具（功率工况SDP和MSPI）升级工作；协助红沿河核电厂正在开展1—2号机组停堆工况SDP工具开发工作	目前该研究项目基本完成，研究成果转化应用项目正在逐步开展。 1、通过开展"风险指引型核安全管理平台"核心能力建设项目，完成11个SDP模块工具和性能指标（PI&MSPI）全部开发工作，并通过自主验收。2、协助生态环境部核与辐射安全中心开发了功率工况、停堆工况和安全壳完整性SDP模块，逐步完善国家核安全局异常重要性判定系统等工作。3、协助开发与完善中广核下属核电厂核安全独立监督工作，如核安全领域国际对标咨询工作；建立与完善风险指引型核安全独立监督体系工作等

续 表

序号	平台名称	承担单位	起止时间	投资金额	研究内容	完成情况及存在问题
5	核安全分析软件评价数据库、综合计算分析应用平台	国电投资集团	2012 年 1 月至 2019 年 12 月	共计 10 136.48 万元	开发具有自主知识产权的大型先进压水堆安全分析核心软件，建立核安全分析软件评价数据库、综合计算分析应用平台。开展软件需求规格说明书成果的专家评价；对内部测试版软件的工程测试结果进行独立评价。完成 COSINE 软件包的第三方独立评价、模型评估工作	已经全面完成全部研究内容，正在进行验收

续 表

序号	平台名称	承担单位	起止时间	投资金额	研究内容	完成情况及存在问题
6	核事故等强辐射环境下智能机器人平台系统关键技术	中核集团	2018年至2021年	共计1654万元	适应强辐射环境的智能机器人平台系统设计，系统抗辐射加固技术研究，辐射场探测、勘察、切割、清障、去污等末端执行机构应用研究	项目已全面完成
7	核电工程技术研究中心	国电投集团				
8	江苏省核电泵水力开发工程技术研究中心（联合共建）	国电投集团				

（二）核安全关键技术研发情况

“十三五”期间，在核电厂严重事故、设备材料老化评估等 12 个重点领域，共开展核安全科技研发关键技术项目 80 余项。其中核电厂严重事故、设备材料老化评估及许可证延续、风险指引型核安全监管技术、新型反应堆安全评价验证、安全分析软件研发等 5 个领域研究成果显著，开展项目数量较多，研究项目取得一定突破，完成了相关实验和验证工作，软件或程序的开发，制定发布了相关管理性文件。大部分项目均完成结题验收，资金投入充足。在非能动安全技术研究、数字化仪控系统失效模式和可靠性研究、核电厂网络安全研究等 3 个领域研究进展符合预期，进展良好，资金大部分为中央投入；在内陆核电安全技术及环境影响评价技术研究、应急去污洗消技术、放射性废物中等深度和近地表处置技术、高放废物处理处置技术等 4 个领域进度较为落后，落实情况不甚理想。项目承担单位较少，开展项目数量较少，没有形成体系性的成果，未取得关键技术突破。

同时，在《核安全规划》重点工程外，各评估单位开展了包括放射性核素在环境以及植物中的迁移影响研究、高温气冷堆石墨粉尘去污技术研究、去除核电厂废水中铯的纳米材料的研制等其他关键技术研究。具体科技研发项目内容及完成情况详见表 9-2。

表 9-2 "十三五"期间核安全关键技术研发项目实施情况

项目序号	关键技术领域	开展项目数量	承担单位	项目开展内容及完成情况
1	严重事故分析研究	14	上海核工程研究设计院、国家电投集团科学技术研究院有限公司、中核核电运行管理有限公司、三门核电有限公司、中国核动力研究设计院等	主要开展了CAP1400严重事故设备可用性验证和优化、严重事故条件下安全壳内气溶胶再悬浮和再夹带行为、极端严重事故缓解、严重事故下堆芯熔融物行为与现象研究等研究工作；开发了用于秦山基地9台机组的严重事故管理专家支持系统、三门核电严重事故仿真及专家决策支持系统等；多数项目进展良好，已完成结题验收。项目共投入资金约3.8亿，其中中央投资约2.3亿
2	设备材料老化评估及许可证延续关键技术研究	10	上海核工程研究设计院、华能山东石岛湾核电有限公司、苏州热工研究院有限公司、中核武汉核电运行技术股份有限公司等	主要开展了CAP系列机组和重水堆核电厂关键物项通用老化经验、考虑材料时限老化因素的预应力安全壳关键分析技术、一回路在役检查及维修技术、压水堆核电厂运行许可证延续关键技术、核电厂构筑物老化监检测与评价技术等研究工作。多数项目进展良好，已完成结题验收。项目共投入资金约3.4亿，其中中央投资约2.3亿。其中有项目因国家、地方经费未到位，项目由企业自筹经费开展

续 表

项目序号	关键技术领域	开展项目数量	承担单位	项目开展内容及完成情况
3	风险指引性核安全监管技术研究	5	上海核工程研究设计院、苏州热工研究院、生态环境部核与辐射安全中心等	开展了风险指引的安全裕度特性分析技术、CAP1400 审评中风险指引型管理技术、核电厂风险指引型管道在役检查优化技术及应用导则等研究；推动建立我国风险指引型监管框架，建立了核电厂设备可靠性数据采集平台；发布了《改进核电厂维修有效性的技术政策（试行）》《核电厂设备可靠性数据采集指南》《核电厂配置风险管理的技术政策（试行）》。多数项目进展良好，已完成结题验收。项目共投入资金约 2880 万，其中企业自筹资金约 2680 万
4	新型反应堆安全评价验证研究	11	国核自仪系统工程有限公司、华能山东石岛湾核电有限公司、清华大学核能与新能源技术研究院、上海核工程研究设计院等	开展了三代核电数字化仪控系统信息安全解决方案、高温堆示范工程可靠运行技术、中国先进核电标准体系研究、HTR-10 超高温运行研究与安全分析等研究。多数项目进展良好，已完成结题验收。其中部分课题通过能源局核电重大专项部署，项目共投入资金约 4.47 亿，其中中央投资约 4.37 亿

续　表

项目序号	关键技术领域	开展项目数量	承担单位	项目开展内容及完成情况
5	安全分析软件研发	12	国家电投集团科学技术研究院有限公司、上海核工程研究设计院等	开展堆芯物理一热工设计及系统安全分析软件专家独立评价、核电关键设计软件评估、核电关键设计软件应用研究与补充验证实验等软件评价和验证工作；开展了反应堆冷却剂系统稀疏波与压力脉动载荷分析软件、核电厂电气仪控分析评价软件、核动力厂安全分析用计算机软件评估基准题及共享平台等软件和平台的开发工作。多数项目进展良好，已完成结题验收。其中大部分课题通过能源局核电重大专项部署，项目共投入资金约 4.08 亿，其中中央投资约 4.06 亿
6	非能动安全技术研究	6	国家电投集团科学技术研究院有限公司、上海核工程研究设计院、国核自仪系统工程有限公司等	开展核电厂安全壳内热量无时限非能动导出系统关键技术等研究，进行 CAP1400 非能动安全壳冷却系统性能研究及试验、非能动安全壳冷却分析程序开发等。多数项目进展良好，已完成结题验收。项目共投入资金约 6.01 亿，全部为中央投资

续 表

项目序号	关键技术领域	开展项目数量	承担单位	项目开展内容及完成情况
7	数字化仪控系统失效模式和可靠性研究	3	国家电投集团科学技术研究院有限公司、国核自仪系统工程有限公司等	开展了核电厂仪控系统信息安全风险评估技术研究，进行了核电厂仪控系统信息安全设计验证、数字化仪表和电气设备可靠性试验和核安全级仪控系统软件可靠性及验证等。项目进展良好，已完成结题验收。项目共投入资金约 4938 万元，中央投资 4350 万元
8	核电厂网络安全研究	3	中国广核电力股份有限公司等	研究制定顶层管理文件，形成核电厂网络安全技术政策征求意见稿。建立核电信息安全研发中心，设立核电工业控制系统网络安全实验室，开展 CAP1400 核电厂智能运维关键技术研究等。项目共投入资金约 7096 万元，中央投资 5107 万元
9	内陆核电安全技术及环境影响评价技术研究	1	上海核工程研究设计院等	开展内陆山洞核电厂的多维联动减震机理及地震响应控制等，该项目通过国家科学自然基金落实，共投入资金约 11 万元，为中央投资，该领域其他相关研究项目较少
10	应急去污洗消技术研究	1	原子能院等	开展系统抗辐射加固技术研究，强辐射环境下辐射场探测、勘察、切割、清障、去污等末端执行机构应用研究，该项目投入资金 1654 万元，其中中央投资 990 万元。该领域其他相关研究项目较少

续 表

项目序号	关键技术领域	开展项目数量	承担单位	项目开展内容及完成情况
11	放射性废物中等深度和近地表处置技术研究	7	中核清原环境技术工程有限责任公司、中广核研究院等	开展放射性废物中等深度处置前期科研，初步提出中等深度处置技术路线与工程屏障设想，初步完成中等深度处置安全全过程系统分析，初步提出中等深度处置顶层架构和法律机制等。开展我国低中放废物处置政策法规适用性分析、选址策略研究、运行机制研究和关闭阶段标准研究，提出我国低中放废物处置法规体系和管理机制完善建议。形成《国外近地表处置场关闭方案调研报告》《地震作用对场地及边坡长期稳定性影响研究报告》等研究报告。多数项目仍处于在研阶段，该项目投入资金 9950 万元，其中中央投资 7760 万元
12	高放废物处理处置技术研究	1	原子能院等	开展冷坩埚玻璃固化高放废液转型工艺研究及科研样机研制等研究，该项目为科工局后处理重大专项内容，投入资金 2229 万元，全部为中央投资。该领域其他相关研究项目较少

（三）科研投入产出和人才培养情况

“十三五”期间，各规划评估主体除了规划要求落实的科研领域相关重点任务和重点工程外，也自主开展了不少科研项目，取得了系列研发成果，获得了各级科研进步奖项，在人才培养方面，也有所收获。

中广核集团自 2016 年以来，集团下属各单位共获得国家科技进步二等奖 2 项，省部级科技奖 1 项；作为国家级首批知识产权示范企业，中广核集团下属单位在第十八、十九届中国专利奖评选中荣获 9 项优秀奖。在经济投入方面，每年科研投入占营业收入的 5%左右，2017—2019 年累计科研投入近 100 亿元。在经济效益提升方面，“十三五”期间集团科技成果转化直接收益约 26.9 亿元，尖峰计划成果转化额累计超过 8.4 亿元，超出了研发投入两倍以上，通过项目成果的应用实现降本增效，保守估计为集团带来的成本节约已超过 7 亿元。同时，中广核集团高度重视关键领域领军人培育，“十三五”期间先后完成两批共 40 名集团首席专家的选聘工作，充分发挥了首席专家在承担重大研发任务和解决重要技术问题方面的作用。截至 2019 年，集团科研人员数量达到 7000 人，占员工总数五分之一。

华能集团对高温气冷堆运行安全技术进行前瞻性创新研究，为示范工程安全、稳定、经济运行提供技术保障。自 2014 年开始申报并承担核安全相关重大专项课题及集团总部设立科技项目共计 9 项，其中，重大专项课题共计 6 项，集团总部设立科技项目 3 项，涉及高温气冷堆运行阶段的概率安全分析技术、核级电缆老化机理与管理策略等研究领域。同时，持续完善石岛湾公司科研管理体系。组织机构方面，成立了科技工作领导小组和技术委员会，专门设置办公室承担公司科技创新的归口管理工作。制度体系方面，针对国家科技重大专项课题、集团科研项目、技术管理和知识产权四大类工作，编制了 14 份管理程序并规范执行。人才队伍培养方面，选派业务骨干承担并深度参与科研课题的管控和具体攻关，创造大量科研课题深度参与机会，大大拓展了专业技能的深度和广度，锤炼了一批专业的科研人才队伍。

二、《核安全规划》评估实施主要问题

通过此次终期评估发现，《核安全规划》中提到的核安全科技研发平台新建的数量较少，在部分核安全关键技术研发领域项目开展的数量、研发深度和产出成果都有所欠缺，进展滞后。同时，我国核与辐射安全科研工作仍存在顶层规划缺位、基础薄弱、资金短缺、能力分散、创新不足等问题，急需重点关注，以期在“十四五”得到重点关注和突破。

（一）部分领域成果偏少

“十三五”规划开展过程中存在科研投入数量、产出成果和投入资金可持续性未达预期等方面的问题。在内陆核电安全技术及环境影响评价技术研究、应急去污洗消技术、高放废物处理处置技术研究等领域，受国家政策科研、科研攻关难度等因素影响，科研攻关仍然无较大的进展，甚至相关的科研立项都非常之少。在放射性废物中等深度和近地表处置技术研究领域，虽然开展了不少相关技术研究，但多数项目仍处于在研阶段，成果产出几乎为零。

（二）顶层设计缺位

我国现核与辐射安全科技研发项目渠道主要有国家重点研发计划、国家科技重大专项、核能开发科研等，资金由各个专项自行统筹安排，项目内容主要从核能发展的角度安排和布局，而非聚焦在核与辐射安全领域。尚未形成完整的核与辐射安全科技研发体系，顶层设计和政策规划长期缺位。政府各有关部门及各涉核企事业单位研究能力分散，缺乏对核安全科技研发工作的统筹管理和有效协调，导向性、引领性不足，无法形成合力，搭建统一共享的技术研

发平台，不利于核安全科研项目攻关，不利于核安全科技研发长远发展。

（三）自主创新能力不足

通过《核安全规划》科研领域评估发现，对基础性、公益性科研关注较少，基础性长期科研项目资金缺乏，已建成的科技研发平台缺少此类科研项目，对自主创新科研缺乏重视和长期布局。随着大国之间战略博弈加剧，美西方国家对我国核能发展遏制不断升级并将长期持续，部分安全分析软件、关键设备、材料、芯片自主化程度偏低，“卡脖子”现象长期存在，核安全自主研发和国产化进程亟待加快。

（四）监管科研能力存在短板

“十三五”期间，国家核与辐射监管技术研发基地内涵建设进展滞后，配套的科研验证实验室和试验台架、设备配备等经费尚未落实，独立安全验证与校核计算尚未全面展开，核安全分析验证、科技研发等能力存在短板，核安全监管技术研发能力急需加强。现有监管科研成果偏少且缺乏影响力，对行业安全发展支撑性和引领性较弱，科研成果转化应用不足，尚未转化为监管方法、应用工具，不能为监管提供有效服务。

三、《核安全规划》实施评估建议

针对此次终期评估发现的问题，结合科研领域长期存在的不足和短板，提出加强规划评估落实、建立科研管理制度体系、拓宽投资渠道、提升监管研发能力、加大科研人才培养等五点建议，以期在“十四五”期间，核安全科技研发工作取得长足进步，科技研发能力和水平显著提升，为实现核大国向核强国转变提供强有力的科研支撑。

（一）加强规划评估落实，发挥规划效力

加大《核安全规划》宣贯和实施的力度，与各评估单位建立良好的沟通机制，确保《核安全规划》落实到位、评估实施到位。对于重点难点领域科研项目，应充分发挥《核安全规划》的导向作用，通过政策扶持、资金激励等方式，确保科研项目落地。及时跟进，建立定期汇报总结机制，确保《核安全规划》中期、终期评估等工作顺利开展，保质保量完成规划各项要求。

（二）编制科研整体规划，建立科研管理制度体系

加强核与辐射安全科研整体规划，编制核安全科技研发领域顶层设计文件。明确核与辐射安全科研总体发展战略，尽快推动建立核与辐射安全科研专项，组织行业专家集中研究核与辐射安全领域科技计划。建立核与辐射安全科研项目储备库，统筹安排核与辐射安全各领域科研项目，做好项目必要性、可行性论证，确保项目库定期更新。及时根据项目需求程度、资金渠道安排等情况，适时评估推进项目落实。

（三）扩宽投资渠道，落实经费保障

加大对核安全领域科研经费支持，合理引导并鼓励地方政府及各涉核企事业单位增加核安全科研投入，加大中央导向性和指向性，在公益性、基础性科研领域加大中央投资力度。调整和优化研发投入管理体系，进一步加强科研经费管理，提高科研经费使用效率，更好地统筹规划各类科研项目和课题的立项、实施和考核，以提高资源利用效率。加大企业自筹经费投入力度，各涉核企事业单位充分利用好国家重大科技计划和项目，结合企业自筹资金，在严重事故机理、核燃料技术、乏燃料技术、放射性废物处理处置技术、核设施退役和铀矿冶修复等关键技术领域开展深入研究，同时注重成果转化应用，及时将核安全科技创新成果反馈到工程设计。

（四）提升监管研发能力，深入开展监管科研

推进国家核与辐射安全监管技术研发基地二期工程及内涵建设，提升核安全分析验证和科技研发能力。建立辐射环境监测质量控制、海洋放射性环境监测科技研发平台，加强省级核与辐射应急能力建设。推进核与辐射安全地区监督站现场执法能力建设。加强各级核与辐射安全监管工作力量。同时，开展系统性核与辐射安全监管科技研发，从监管角度开展新技术安全风险和机理研究、监管政策法规标准、放管服机制体制创新、核与辐射安全监管程序优化等监管科研项目。

（五）加大科研人才培养，锻造科研铁军

充分做好科研人才统筹规划，为重大科研项目攻关提供人才基础和保障。加大高校与科研院所之间良好合作，持续推进高校核安全学科建设，为核安全事业稳定输送人才。做好顶尖科学家、学术带头人等关键科研人才的培养和引进，打造若干名具有专业技术权威和公众影响力的核安全领域领军人才，打造一支政治强、本领高、专业过硬、善于钻研的核与辐射安全科研铁军。

第十章　核安全监管领域终期评估技术报告

“十三五”期间，开展了70余项核与辐射安全监管能力建设工程，投资约15亿元用于核与辐射安全监管能力建设项目，主要包含国家核与辐射安全监管技术研发基地一期工程建设、全国辐射环境监测网络建设、中央和地方辐射环境监测能力建设、核与辐射安全监管信息系统建设和升级等方面。经过五年的努力，建立了较为完整核与辐射安全监管体系，核安全体制机制进一步优化，法规标准建设取得突破，国家核与辐射安全监管技术研发基地一期工程建成并投用，技术审评、监督执法能力稳步提升，形成了覆盖全国的核与辐射环境监测网络，监管能力稳步提升。

一、《核安全规划》实施总体进展情况

（一）规划目标和指标进展情况

规划实施情况总体良好。核安全体制机制进一步优化，法规标准建设取得突破，国家核与辐射安全管理体系全面建成。国家核与辐射安全监管技术研发基地一期工程建成并投用，技术审评、监督执法能力稳步提升。建成辐射环境质量监测、核设施监督性监测、应急监测三张网，全面覆盖地市级以上城市和重点核设施。建成国控大气辐射自动监测站339个，升级改造9个，国控大气辐射自动监测站数量达到500个，新增放射性环境质量监测站、点（国控点）346个，3个饮用水水源地监测点、1个地表水监测点、1个陆地水生生物监测点、3个土壤监测点和1个核安全预警点。省级辐射环境监测机构能力评估全部达标。

1. 建成国家核与辐射安全监管技术研发基地一期工程

国家核与辐射安全监管技术研发基地一期工程顺利建成并通过验收，2019 年 7 月，国家核与辐射安全监管技术研发基地一期工程正式投入使用。能力建设资金申报取得突破，核与辐射安全监管数据中心、核与辐射事故应急响应能力建设、核与辐射事故应急监测能力建设资金约 3.1 亿元获得专项资金支持，可部分缓解基地能力建设资金不足的局面。

2. 东北边境地区辐射环境监测及应急响应能力建设得到加强

持续加强东北边境地区应急监测能力建设。在吉林长白山、延吉建立了前沿指挥部和辐射监测实验室，项目投资约 1.9 亿元，其中涉及仪器装备固定资产投资约 1.4 亿元。建成包括长白山、延吉两个实验场所在内的东北前沿实验室，配备 40 余台套伽马能谱、液闪谱仪等大型实验室分析设备，形成了大通量样品快速分析能力；装备有惰性气体采样分析系统和全自动气溶胶核素自动监测系统，具备预警监测能力；建设航空辐射测量、网格化的辐射环境自动监测快速布放及气溶胶和气碘的大规模采样等多手段快速现场响应能力。

3. 国控大气辐射自动监测站建设情况

根据“统一规划，分批建设”的原则，重点开展国控辐射环境质量自动监测站建设，完善饮用水源地水和土壤等环境采样点布设，到 2020 年年底，国控大气辐射自动监测站数量达到 500 个。

(二) 规划任务措施评估情况

1. 国家核与辐射安全监管技术研发基地一期工程建设完成

国家核与辐射安全监管技术研发基地一期工程建设完成。依托国家核安全与核应急保障能力建设军民融合工程，建设国家核应急指挥中心、核与辐射事故应急技术支持中心、辐射环境应急监测技术支持平台、核与辐射安全监管数据中心。2015 年 3 月，国家发展改革委下达《关于国家核与辐射安全监管技术研发基地建设项目初步设计及概算批复》(发改投资〔2015〕523 号),批复中,建设地点位于房山区北京理工大学 6、8 号地块,新征建设用地约 220 亩,最终核定建设面积 94 937 平方米,总投资约 7.47 亿元,由中央预算内资金支持,同时预留发展用地。2015 年 12 月,取得基地整体 220 亩建设用地土地使用权证。2016 年 3 月,基地项目取得建设工程施工许可证,正式进入现场施工阶段。2017 年 12 月,国家核与辐射安全监管技术研发基地建设工程正式开工建设,目前已完成主体结构封顶,正在进行机电设备按照、幕墙及园区市政施工等工作。2019 年 7 月,国家核与辐射安全监管技术研发基地一期工程建设完成,正式启用。

国家核与辐射安全监管技术研发基地一期工程建设项目批复总投资 7.47 亿元,其中 2014 年前期经费 1 亿元,2015 年工程建设费用 2.3 亿元,2017 年工程建设费用 1.9 亿元,2018 年工程建设费用 1.7 亿元,2019 年工程建设费用 0.57 万元。预算执行情况良好。

2. 校核计算与独立验证能力建设成效显著

校核计算与独立验证能力进一步增强。校核计算体系逐步完善,在核与辐射安全中心成立了校核计算与独立验证机构,建设核与辐射安全审评模拟分析与验证重点实验室、多功能微压供热堆综合安全验证台架。开展了防城港核电厂 3、4 号机组安全审评试验验证,完成了福清 5、6 号机组反应堆物理部分校核计算,对小堆开展校核计算前期研究工作,完成小破口事故等多项校核计算。建成 CAP1400 安全评审技术及独立验证试验平台,具备独立开展反应堆物理、热工水力、事故分析、辐射防护、燃料性能分析等方面的校核计算能力。重大专项一期"CAP1400 安全评审技术及独立验证试验"、二期"CAP1400 安全审评关键技术研究"通过验收,三期"CAP1400 安全监管重要试验研究"通过预验收。审评标准化建设持续推进,编制"华龙一号""VVER1200"、小型模块式动力堆、浮式反应堆、核能供热堆等安全审评原则，保障新型反应堆安全应用。首次开启小堆、海洋堆安全审评。

3. 监督监控能力持续提升

部分监督站积极申请业务用房，筹建辐射监测实验室和配套设施，测算业务用房和办公用房的面积和资金需求，建成西南核与辐射安全监督站业务用房。强化地区核与辐射安全监督站现场检查和执法装备配备。建立并持续完善我国风险指引型监管框架，发布相关技术文件。完成运行核电厂概率安全分析应用试点工作，基本建成国家核安全局核电厂经验反馈系统并持续优化，完成核电厂运行和在建经验反馈平台融合。深入推进概率安全分析应用试点，完成概率安全分析在相关核电厂在役检查优化应用项目的技术审评。建成核与辐射监管信息系统"一张图"，积极推进辐射职业照射、民用核安全核设备监管、人员资质管理、核技术利用监管、放射性废物管理、风险预警监测等信息化平台建设，强化数据收集、分析、监控能力。完成辐射职业照射信息系统建设，形成国家、省、企业分级管理网络体系。完成无损检验人员、焊接操作人员、核电厂操纵员、注册核安全工程师等人员资质管理信息系统建设。初步建成民用核安全设备信息系统，支撑进口民用核安全设备安全检验工作开展。完成全国放射性废物管理信息系统总体设计。发布配套管理文件，编制国家辐射职业照射年报，实现核设施、铀矿冶设施、核技术利用、辐射安全监管个人剂量数据全覆盖。

4. 辐射环境监测能力进一步增强

完善辐射环境质量监测网，推进国控辐射环境质量自动监测站建设，辐射监测能力持续增强。根据"统一规划，分批建设"的原则，重点开展国控辐射环境质量自动监测站建设，完成饮用水源地水和土壤等环境采样点布设，建成国控大气辐射自动监测站 339 个，升级改造 9 个（其中 2016 年在重要边境地区完成 6 个自动站建设，2017 年在全国 96 个地市级行政区建设完成 96 个自动站建设，2018 年建成 109 个自动站。2019 年建设 49 个）、水体监测点 4 个、土壤监测点 3 个、1 个核安全预警点。随着智能转隶，新增核电基地周边海域海洋放射性监测海水点位 71 个、沉积物点位 51 个以及海洋生物点位 24 个。截至 2020 年年底，国家级辐射环境监测网络共有 1 834 个监测点，包括 500 个大气辐射环境自动监测站、328 个陆地点、362 个土壤点、477 个水体点、48 个海水点、85 个电磁辐射监测点、34 个海洋生物监测点，实现对地市级以上城市及重点敏感地区全面覆盖。建设三门、半山、海洋三大实验基地，其中三门实验基地已完成前沿站、流出物实验室、11 个监测子站建设，实验室配置了高纯锗谱仪、液闪谱仪等大型测量设备，并于 2016 年 4 月通过生态环境部验收；半山实验基地已完成环境分析实验楼、配电房等设施建设工作；海盐实验基地已完成规划、立项等前期工作。

核设施外围环境监督性监测工作不断推进。发布《核电厂辐射环境现场监督性监测系统建设技术要求》《核电厂辐射环境监督性监测方案审评大纲》，细化和规范核电厂辐射环境现场监督性监测系统的建设，对 46 个国家重点监管核与辐射设施周边开展监督性监测。完成辽宁红沿河、福建宁德、福建福清、广东阳江、广东台山、广西防城港、海南昌江、山东海阳、浙江三门等 9 个核电厂辐射环境现场监督性监测系统建设和验收，完成徐大堡核电厂辐射环境现场监督性监测系统站点选址，开展霞浦示范快堆监督性监测系统选址工作。完成重要核设施监督性监测 21 个国控点位的升级改造，21 个自动站全年实时监测数据获取率平均为 93%，数据实时接入国家数据汇总中心服务器，系统运行的稳定性和可靠性得到有效提升。应急监测能力全面提升。建成长白山、延吉前沿指挥部和辐射监测实验室，配备必要分析设备，东北地区应急监测能力建设持续加强。开展核电厂周边环境监督性监测及核电厂流出物样品检测，在红沿河、海阳、田湾、秦山、三门、宁德、福清、大亚湾、阳江、台山、昌江、防城港等 12 个核电基地周边开展海域海洋放射性监测。江西、宁夏、广西、青海、上海、四川、湖北等省（区、市）开展地市级快速应急响应能力建设，部分地市配置了应急监测快速响应系统，配备便携式γ核素识别仪等技术装备，重点地市开展区域性监测分析实验室建设。开展海洋生物和海水监测。

辐射环境监测质量保证体系持续健全。完成质量体系建立。全国省级辐射环境监测机构全部通过监测能力评估和实验室资质认定评审，其中19家单位通过国家级实验室资质认定，13家单位通过了省级实验室资质认定。北京、上海、浙江、内蒙古、四川和甘肃等6省份实验室通过实验室认可评审。严格执行辐射监测人员持证上岗制度，各省级辐射环境监测机构共有915名技术人员拥有辐射环境监测上岗证，基本实现全国省级辐射环境监测机构技术人员持证上岗。做好质量保证工作，每年组织开展全国辐射环境监测质量考核，“十三五”期间已覆盖国控网主要监测项目，举办第二届全国生态环境监测专业技术人员大比武（辐射专项），定期开展全国辐射环境监测质量考核。建立质量管理协同机制，北京、四川、江苏、广东、广西、上海、重庆等较强实力的省站，协助辐射环境监测技术中心对区域内监测机构的质量管理工作进行技术指导。积极开展样品外检，利用全国辐射环境监测数据管理及应用平台对监测机构的资质、人员持证上岗、仪器检定和校准、内部质量控制等质量管理信息实施监督。

（三）规划工程评估情况

为保障“十三五”监管能力建设领域目标顺利实现、重点任务圆满完成，生态环境部、相关省市及其他企事业单位积极落实重点工程项目，共投入资金15.03亿元，其中中央投资9.74亿元，地方配套4.96亿元，企业自筹0.33亿元。主要完成国家核与辐射安全监管技术研发基地一期工程建设、全国辐射环境监测网络建设、中央和地方辐射环境监测能力建设、核与辐射安全监管信息系统建设和升级等重点工程 78 项。

二、《核安全规划》实施主要问题

（一）国家核与辐射安全监管技术研发基地能力建设资金尚未落实

国家核与辐射安全监管技术研发基地是一项整体建设工程，除了征地及土建工程外，还包括核电厂安全验证、核安全设备安全验证、核电厂运行安全仿真分析、放射性废物处理处置及核设施退役安全验证、辐射环境监测、电磁及电离辐射防护、核与辐射安全监控与应急响应能力、中国核与辐射安全国际联合研究平台、华北核与辐射安全监督站辐射监测与评价等 9 项能力建设内容。受国家政策影响，国家只批复了项目整体及部分土建投资，导致开展核与辐射安全监管急需的实验室和条件保障内容建设资金尚未落实，严重制约我国核与辐射安全监管能力和水平的全面提升。此外，研发基地二期工程包括中国核与辐射安全国际合作交流中心等项目尚未落实，既无法完成国家领导人在核安全峰会承诺，也无法实现国家"十三五"规划既定的建设目标。

（二）地区监督站能力建设需加大推进力度

核与辐射安全监督站业务用房等相关能力建设工作进展滞后，华北、华东、华南、西北核与辐射安全监督站办公及业务用房和华东地区模拟机房控制室及配套设施等相关能力建设工作推进缓慢。受现有条件制约，监督站实验室分析能力尚处于起步阶段，远远不能满足业务用房 1000 平方米建站标准要求，核安全监管缺乏有效的和必要的数据分析处理、预警监测应急系统，现有信息网络渠道难以满足国内高速发展的核能与核技术利用的安全监管需要，核与辐射安全监督检查方法和手段仍需完善。

（三）辐射环境监测网络尚不完善

省级辐射环境监测网络处于起步建设阶段，省控辐射环境监测点位和自动站点位数量不足，国控网自动布设代表性有待提高，县级城市、广大的农村以及背景地区尚未布设自动站，以我国960多万平方公里的陆地国土面积及核大国的地位，与欧美等比较成熟辐射环境自动监测网络的国家相比差距巨大。部分地区自动站运行维护艰难，大部分自动站建设在地级以上城市（含地区、州、盟所在地），远离省级辐射环境监测机构，因此大部分自动站点由各地市辐射环境监测机构负责运行维护，地市辐射环境监测机构缺乏相关的技术人员及运行维护经验，难以胜任自动站的运行维护。

（四）核与辐射设施的监督性监测未完全覆盖

目前，已建成的核与辐射设施的监督性监测系统存在设备故障率较高、备品备件缺乏、网络通信通道处于被淘汰阶段、运行维护困难，难以发现环境异常并进行预警。流出物监测技术标准和方法欠缺较多，流出物监督性监测实验室基础能力建设薄弱，流出物在线监测系统存在数据无法查询、样品不能实现抽样分析。国家级和省级辐射监测机构在流出物监督性监测方面能力严重不足，核电厂自主监测也存在取样、分析方法、分析过程、数据处理等环节缺少有效监督等问题。

（五）应急监测能力不足

应急监测仪器装备十分缺乏，大部分省级辐射环境监测机构仅配置了简单的便携式监测采样仪器，人员防护装备简陋，缺乏专用的应急监测车，快速移动监测能力匮乏。应急监测队伍标准化建设薄弱，部分省份应急预案修订进展缓慢，未能及时开展预案培训和演练。核应急信息的互联互通实施进展缓慢。

（六）海洋放射性监测能力薄弱

现阶段生态环境部负责海洋环境放射性监测工作，但由于职责尚处于整合期，海洋环境放射性监测工作开展缺乏顶层设计，主要围绕滨海核电厂监督性监测开展，沿海省份环境质量监测仅涉及少量海洋环境内容，监测机制尚未理顺，监测能力比较薄弱；在监测手段方面，自动站监测系统尚未覆盖海域等监测内容。海洋监测预警能力和海洋生态灾害风险防范能力不足。

三、《核安全规划》实施评估建议

（一）国家核与辐射安全监管技术研发基地建设仍需推动落实

进一步加强研发中心现场安全管理和后期建设工作，积极推进能力建设及二期项目申报工作。加强与财政部、国家发展改革委的沟通与协调，推进能力建设及二期项目申报工作，争取得到中央预算内资金支持；积极推动与中核集团、国家投资电力集团、中广核集团等单位开展合作，共建基地实验室及业务保障条件，发挥行业内技术及资金优势。积极申请国家经费，支持国家核与辐射安全监管技术研发基地和长白山辐射环境监测前沿实验室及应急指挥部建设项目运行。

（二）持续加强核与辐射安全监督执法能力

建立健全我国风险指引型核安全监督管理体系，制定风险指引型核安全监督大纲和程序，推动开展风险指引型核安全监督检查。健全核与辐射安全隐患排查整改长效机制。持续推进中央本级和地方现场监督执法能力建设，完善现场监督执法能力建设标准，改善核与辐射安全监督站业务用房，保障现场监督执法车辆和技术装备，推动地区监督站辐射安全监管信息化建设。

（三）完善全国辐射环境质量监测

优化国控辐射环境质量监测网层级、功能和站点布局，推动在核电厂周边水域等重点核设施、铀矿冶设施等排放口下游建设水体自动监测站，推进与常规环境质量监测网络融合发展。积极推进省控网建设，加强各省级辐射环境监测网络建设。做好已建设辐射环境自动监测站的运行维护工作。完善辐射监测质量控制技术规范，深化辐射环境监测质量考核。

（四）做好国家重点核设施外围监督性监测系统升级改造及后续运维管理

提高监督性监测系统预警监测能力，提升重点核设施、铀矿冶设施周围环境及流出物监督性监测能力。省级生态环境监测部门做好核电厂监督性监测系统的建设和运行维护，对重要核设施、铀矿开采及冶炼企业、重点伴生放射性矿产资源开发利用企业和重点核技术利用装置开展监督性监测，加强核设施企业自行监测能力。

（五）加强省市两级辐射监测应急能力建设

加强应急监测能力建设，推进省级及地市级快速应急监测系统建设，配备无人机、无人艇、投放式应急监测设备等快速反应力量。定期修订辐射环境应急监测预案（程序），加强辐射应急监测人员培训，定期组织开展辐射应急监测演练。

（六）加强我国海洋环境放射性监测与评价

整合海洋监测资源，统一布设海洋生态环境辐射监测站点和实验室，形成覆盖重点海域的海洋生态环境辐射监测能力，推进省级能力建设，开展渤海、南海等重点海域环境放射性水平调查。

第十一章　保障措施领域终期评估技术报告

《核安全与放射性污染防治“十三五”规划及2025年远景目标》(以下简称“《核安全规划》”)对其实施的八项保障措施提出了具体要求，根据生态环境部(国家核安全局)提供的规划实施情况材料和各地方政府、各涉核企事业单位提交的自评估报告，对“十三五”期间保障措施的实施进展进行了终期评估，对规划实施过程中存在的相关问题给予了说明，提出了相关建议，并给出了后续工作的建议。

一、《核安全规划》保障措施实施进展情况

(一) 法规标准顶层设计实现重大突破，体系持续完善

《中华人民共和国核安全法》顺利颁布，原子能法立法工作取得重大突破。2016年12月，《中华人民共和国核安全法(草案)》于通过全国人大常委会一审；针对核应急体系、乏燃料后处理等重难点专题开展立法研究，积极沟通协调有关部门，配合人大环资委修改法案，有效推进立法进程；召开国际专家研讨会，组织核学会、法学会等社会组织多次深入研讨，向全国人大积极反馈意见，确保法案的科学性和有效性；2017年9月，《中华人民共和国核安全法》(以下简称“核安全法”)经全国人大审议通过，由习近平签署主席令发布，并于2018年1月1日实施；《核安全法》的出台巩固了三十年监管成果，实现了核安全领域立法的重大突破。国家核安全局全面开展核安全法宣贯学习，编制完成《核安全法》释义，编制《核安全法配套法规文件制修订总体方案》，进一步完善

核安全监管体系，并开展了规划限制区、信息公开办法等《核安全法》相关配套管理制度的研究。原子能法列入十三届全国人大常委会立法规划第一类项目，2018 年 9 月，发布《原子能法（征求意见稿）》，向社会公开征求意见；2020 年 1 月，报送提请国务院常务会议审议，目前按照国务院办公厅要求修改完善。

核与辐射安全法规标准制修订工作有序开展。国家核安全局编制了《核与辐射安全法规标准制修订五年计划（2016—2020）》，全面梳理核与辐射安全法规标准体系，完善了法规标准体系顶层设计。上报《放射性同位素与射线装置安全与防护条例》修改草案送审稿；推进核损害赔偿法立法；发布了《核电厂设计安全规定》《放射性物品运输安全监督管理办法》，修订了《核电厂质量保证安全规定》等部门规章 12 项次；发布《研究堆定期安全审查》《核设施放射性废物最小化》等核安全导则 20 项次。地方性法规和规范性文件制定方面，各省（自治区、直辖市）积极推动核安全领域的专项立法工作，如四川省发布了《四川省辐射污染防治管理条例》并通过多种形式开展了条例宣贯推进活动；河南省发布了《河南省辐射污染防治条例》并编制了释义；福建省发布了《福建省核电厂环境辐射防护办法》，进一步规范核电厂外围辐射环境监管、核应急管理、规划管控、公众沟通等工作；《广西壮族自治区辐射环境污染防治条例》已列入自治区五年立法计划；海南省已完成《海南省放射性污染防治条例》初稿编制。

核安全标准体系建设取得突破。申请成立全国核安全标准化技术委员会，并通过国标委专家委员会审议；修订《与核安全相关的能源行业核电标准管理和认可实施暂行办法》；编制《放射性物品运输安全标准体系》，作为放射性物品运输安全领域的管理指导性文件；制修订核与辐射安全标准 48 项次；完成能源行业核电标准认可审查 28 项，能源行业核电标准认可批复 20 项。

（二）配套政策及时跟进，重点工作有序推进

核安全政策体系不断完善。首次以政府名义编制并发表《中国的核安全》白皮书，面向国内外宣传国家核安全政策、监管经验和良好实践；推动"国家核安全体系研究项目"在国家高端智库联盟立项；开展总体国家安全观、中国核安全观、核安全战略思想、核安全治理体系和治理能力建设等专题研究，编制美丽中国核安全领域评价指标体系、核安全监管有效性、福岛核事故影响分析和对策建议等研究报告，为监管决策提供科学支撑；参与编制总体国家安全观干部读本，深入解读和宣传总体国家安全观和中国核安全观。

核安全管理体系基本建立。全面建成国家核与辐射安全管理体系，制修订第一层级总论、第二层级 49 份大纲指南，第三层级 712 份程序文件，形成集中统一、分工合理、资源整合、流程优化、上下协同、科学高效的核与辐射安全管理体系。印发《中国核与辐射安全管理体系总论》及配套文件，探索开展后续评估同时全面开展管理体系宣贯。

各项政策制度的研究制定稳步推进。开展放射性废物管理国家政策研究，对放射性废物管理全局性工作开展前期调研和准备，确定了当前国家层面法规、制度的缺失和待解决问题，明确后续工作机制和计划，积极回应 IRRS 后评估工作建议。在放射性废物最小化管理方面，发布了《核设施放射性废物最小化》《核技术利用放射性废物最小化》，用于指导废物最小化工作。在放射性同位素与射线装置的豁免管理方面，发布《关于规范放射性同位素与射线装置豁免备案管理工作地通知》，明确了豁免备案的程序、效力和豁免后的进出口管理等要求，根据分级分类监管的原则，研究将极低风险放射性同位素与射线装置纳入豁免管理。在乏燃料和核设施退役经费管理方面，印发《核电厂乏燃料处理处置基金征收使用管理暂行办法》，规范了核电厂乏燃料处理处置基金的征收、使用和管

理，起草了《核设施退役与放射性废物处置费用管理暂行办法（草稿）》，等待进一步论证。在核领域保险和核损害赔偿管理方面，制定发布《核保险巨灾责任准备金管理办法》，开展核保险巨灾责任准备金会计和税收政策国际比较研究。开展重大核事故损害赔偿问题研究，发布中国核共体核损害赔偿应急响应平台。在高危放射源辐射安全管理方面，研究建立在放射性测井和工业移动探伤领域对使用Ⅲ类及以上放射源的安全责任保险制度，启动高风险放射源辐射安全责任保险试点——组织 12 家核技术利用单位与保险公司讨论高风险放射源辐射安全责任保险性质、投保和理赔范围等，并与试点单位开展了定点调研，完成《放射性辐射安全责任保险国际调研报告》《放射源辐射安全责任保险报告》。

（三）体制机制持续优化，管理效率不断提升

核安全管理制度得到强化。深化党和国家机构改革，中央有关机构制定生态环境部及其他部门“三定”规定，印发相关文件，明确核与辐射安全监管、核应急机制、国家原子能机构工作等职责分工，完善机构设置；核安全监管部门增设核安全协调处和经验反馈处。完善核安全专家决策机制，开展 68 次核安全决策咨询，完成国家核安全专家委员会换届，设立核安全与环境专家委员会秘书处。构建国家核安全工作信息专报通报机制并定期发布专报。

许可改革工作顺利推进。按照国务院审改办要求，明确了核与辐射安全行政许可改革的方向，统筹推进核与辐射安全行政许可改革研究论证工作，形成核与辐射安全行政许可改革总体报告和 10 项分报告。在核安全设备领域，深化设备许可管理制度改革，强化事中事后监管；开展放射性物品运输审批许可改革的相关研究，对国务院审改办建议取消放射性物品运输审批提出处理意见；推进人员资质管理信息化平台建设，提高行政审批效率。《核安全法》就落实集团公司核安全管理责任作出明确要求，核设施营运单位对核

安全负全面责任。

辐射环境监测体系改革逐步推进。印发《关于省以下环保机构监测监察执法垂直管理制度改革试点工作的指导意见》，加快解决地方环保管理体制存在突出问题。同时开展新形势下辐射监测执法垂改工作，国家核安全局组织各片区省份代表调研座谈，在全国辐射安全监管工作座谈会专题研讨，在中国环境报刊发表强化核与辐射安全监测执法能力建设指导性文章，推动地方辐射监测执法垂改工作。省内各区市结合本地工作实际制定辐射改革方案，提出"区市环保部门应设立或明确负责核与辐射安全监管内设机构，核重点地区要逐步建立核与辐射监测机构"，并根据核设施和核技术活动的特点，逐步加强监测能力的建设。目前，各省份均将市级辐射环境质量监测职能上收，由省级辐射监测机构统一负责辐射环境质量监测、调查评价和考核工作。国家核安全局积极完善辐射环境安全管理督查机制，遵循风险导向、问题导向、突出重点、抓住关键、实事求是的原则，优化辐射环境安全管理督查机制，组织召开督查工作会。结合日常监管工作、重点任务及各省需推动的重难点问题，组织开展对辽宁、甘肃、四川、浙江等 9 个省份的综合督查和专项督查工作。持续推进落实核与辐射安全监管对口援藏、援疆工作，先后选派 3 批援藏干部、2 批技术援藏干部、2 批博士服务团成员共 7 人次，援疆干部人才 1 人次，积极发挥政策指导和专业技术支持作用，推动受援地区核与辐射安全能力水平提升。

（四）人才培养培训注重实际，选人用人科学化合理化

人才培训体系进一步优化。国家核安全局制定了核安全监管人才培训顶层设计，发布了《核与辐射安全监管业务培训大纲》，统筹谋划核与辐射安全系统人员培训；编制《核与辐射干部人才队伍建设方案》，并通过健全培训体系，加强培训内部考核，组织业务培训标准化文档编制和视频录制等手段，提升培训质量。

举办“核应急抢险救援训练”“核材料科学与技术”等主题国家级高级研修项目 5 期；首次举办核与辐射安全监管高级研讨班，提升领导力水平；“十三五”以来，国家核安全局共举办核与辐射安全培训班 111 期，涵盖核与辐射各专业领域，培训 6035 人次。举办首届民用核安全设备焊工技能大赛，弘扬大国工匠精神；举办核设备无损检验和焊接专项培训班，提高监管审评人员专项技能。东北核与辐射安全监督站高度重视朝核应急相关工作，连续三年举办各类应急监测培训班，提升了东北三省辐射应急监测队伍整体水平。设备企业开展首席技能大师、大工匠评选等职业技能大赛，提升技术人员专业水平。加强核安全人员资质管理，批准民用核设施操纵人员执照证书 7 878 人次、核安全设备无损检验人员资格证书 11 993 项次、核安全设备焊接人员资格证书 27 217 项次、注册核安全工程师注册证书 4 281 人次。“十三五”期间，核安全监管人才数量不断增加，截至 2019 年年底，共有 3 932 人，比“十二五”末增长 12.38%。

人才培养机制不断丰富扩充。积极支持高校设置核安全领域相关专业，进一步扩大和落实高校本科专业设置自主权，目前全国共有“核科学与技术”一级学科博士点 21 个，一级学科硕士点 9 个，设置核安全相关专业的高校共 38 所，专业布点数 60 个，认定 7 个核安全相关的国家级一流本科专业建设点。“十三五”期间授予核安全有关学科博士学位 1 909 人，硕士学位 2 586 人。举办“核应急抢险救援训练”“核材料科学与技术”等国家级高级研修项目，开展核科学与技术紧缺博士人才培养试点，大力培养急需紧缺人才。依托核科学与技术领域重点高校、优势科研单位和大型企业设立博士后科研流动站 1 个、科研工作站 4 个。国家教育主管部门编制《核科学与技术研究生核心课程指南》，认定《核生化卫生应急质检防护虚拟仿真实验项目》等 3 门国家级一流本科课程，组织建设《核技术与核材料仿真实验》等 21 门涉核虚拟仿真实验教学项目，破解涉核专业学生实习实践难的问题。部分企业与高校合作，通过开班形式联合培养核电人才，华能集团与西安交通大学共建"能源安全技术研究院"，中核集团携手哈尔滨工程大学共同成立中国核工业核安全与仿真技术研究院。地方政府通过在线教育平台、现场讲解与实地指导、电话咨询、技术比武等方式开展核与辐射安全培训。湖北省开通试运行了"湖北省核与辐射安全与防护在线教育平台"，探索实行网上培训。培训内容包括基础知识、法律法规与标准、核安全文化、辐射事故案例与反馈等10个板块，网页页面点击次数达到33 000次。上海市制定了区级辐射监测工作培训任务，通过集中培训、现场讲解与实地指导、问题解答、电话咨询等方式开展了对区辐射监测机构的培训与技术指导；组织区级辐射监测技术大比武工作，以赛代练、提高水平。企业加强培训资源开发建设，制定人才培养规划，形成了特色鲜明、富有成效的人力资源开发和人才培养体系。各核电集团建立了企业大学和规模化的培训中心，通过制定全范围的培训机制，推动人才的培养和全员各种能力的持续提升。中广核集团将核安全关键岗位及关键人才管理作为重要内容，开展了国际化人才专项培养计划。国家电投集团建立了模拟机、防人因失误实验室、维修技能实验室等培训设施，形成了新员工入职培训、岗位授权培训、防人因失误培训、操纵员培训、管理能力培训等特色鲜明、富有成效的人才开发、培养体系。

人才管理机制灵活多样，员工积极性得到有效提升。国家核安全局推动设立核与辐射安全津贴，组织各监督站编制专题研究报告，有效推动提高核安全从业人员薪酬待遇工作。人力与社会资源保障部积极推进核安全领域事业单位实施绩效工资工作，高层次核安全人才可参考市场价格合理确定薪酬水平。核科学与技术领域共有160余人享受国务院政府特殊津贴，8人入选百千万人才工程国家级人选。涉核企事业单位通过制定《人员选拔任用管理》《干部考评管理》《岗位聘任管理》等相关人才管理程序，建立了较为完备的人才流动和选人用人管理体系，根据项目建设、发展需要，积极拓宽干部选拔渠道、强化干部实践锻炼、注重培养年轻干部，逐步加大干部人才交流力度。国家电投集团制定并实施人才发展战略《“十三五”及中长期人才发展规划（2016年—2030年）》，围绕院整体发展和业务发展方向，分析人才队伍的短板和急需人才，制定科学合理的人力引进计划。中广核集团通过优化运行序列职业发展路径和增加关键岗位履职经验要求等手段，建立了核电厂运行序列职业化发展机制，完善公司职业规划和技术岗位聘任管理体系。完善了高级技术岗位管理办法，建立重点任务评价机制，将高级技术岗位年度重点任务完成情况与年度考核、任期考核、年度聘任直接挂钩。国家电投集团开展了各种形式的人才交流，选派干部在集团内部兄弟单位进行挂职锻炼；组织与系统外核电同行开展人员技术支持合作。

（五）核安全文化宣贯全方位开展，评估机制逐步落实

核安全文化宣贯工作全面铺开。深入持续在国家监管部门、核电集团、营运单位以及核安全设备持证单位开展多层级、多领域、全方位的核安全文化培训和宣贯活动。2016年，国家核安全局编制持续推进核安全文化建设的建议及配套方案；编制完成《核安全设备持证单位核安全文化监督检查程序》；2017年，依据《核安全文化政策声明》编制发布《核安全文化特征》，将其作为行业核安全文化建设工作的指南以及核安全文化评估活动的主要依据，并分领域组织推进核安全文化建设，指导举办行业核安全文化良好实践总结推广活动，组织系统内核安全文化培训，开展国外核安全监管机构核安全文化专题研究。组织编译了IAEA核安全文化相关文件，总结汇编良好实践，加强经验借鉴和成果转化。推动核设备领域核安全文化建设，编制《民用核安全设备活动单位核安全文化建设工作建议》，组织各工程公司与14家核安全设备持证单位开展共建。发布《民用核燃料循环设施分类原则与基本安全要求》，要求核燃料循环设施营运单位将核安全文化融入生产和管理的各个环

节，定期开展自我评估。各核电集团和研究院所根据自身特点制定了核安全文化宣贯的工作计划和实施方案，通过定期组织开展核安全文化培训，加强核安全文化宣贯，营造良好的安全文化氛围，培养和深化全员安全意识，增强对风险的认知，保持对核安全的“敬畏感”。核电厂营运单位通过制定核文化建设实施方案和年度安全文化工作计划，不断强化核安全文化教育和宣贯，通过基本安全授权、良好行为认可、管理层授课、核安全文化震撼教育、核安全文化专刊、宣传画、知识竞赛、论坛、安全文化评估及防人因失误培训等各种手段构建、规范了核安全文化宣贯材料和措施；积极收集和学习核电厂内外核安全文化先进理论和工作经验，形成一批有特色且效果显著的教育措施，如中核集团的“每日一条安全信息”、中广核集团的“遵守程序，反对违章”专项活动、国电投集团发布的《核安全文化建设规划》《核安全文化推进管理》管理程序及配套统一的核安全文化教材等。2016 年，江苏核电有限公司经国家能源局评选为核安全文化示范基地。

核安全文化行业评估工作逐步推进。国家核安全局制定了核动力厂、核设备领域核安全文化评估标准，建立评估体系，初步形成自评估、同行评估、第三方评估相结合的核安全文化培育机制。各类核安全文化评估工作全面铺开，地方监督站将核安全文化融入日常核安全监督检查，组织开展核安全文化评估试点工作，将核安全文化特征点与营运单位决策部署、经验反馈、个人行为、工期与质量等一一对应，带动了营运单位核安全文化建设，广泛提升了从业人员的核安全文化意识。核设施营运单位主动接受国际同行评估、邀请行业协会开展同行评估。中广核集团下属各公司每年度进行 INPO 核安全文化特征自我评估，同时集团公司定期对成员公司进行了独立安全文化评估，已经完成六大基地第一轮安全文化评估；海阳核电厂分别于 2016 年和 2018 年接受了 WANO-AC 中心组织的装料前同行评估，包含安全文化内容；石岛湾接受国内首次核电厂土建安装阶段同行评估、在建核电厂核安全文化评估、调试领域专项评估、PSUR领域专项评估等。核设备领域结合风险排查，开展试点评估工作及核安全文化建设示范基地调研工作；部分核燃料循环设施营运单位制定了核安全文化评估标准和程序，并积极开展同行评估工作。中国核能行业协会开展了我国核电厂核安全文化同行评估研究工作，编制了《核电厂核安全文化同行评估实施办法（试行）》《核电厂核安全文化同行评估标准及示例（试行）》，组织对山东石岛湾核电有限公司的核安全文化评估工作；组织召开核电厂核安全文化同行评估研讨会，推动核电厂核安全文化建设水平的提高。

（六）稳步推进公众沟通，信息公开制度持续完善

公众宣传工作全方位深入开展。建立中央督导、政府主导、企业作为、社会参与“四位一体”的核安全公众沟通体系。国家核安全局联合能源局、科工局开展“媒体核电行”活动，国家核安全局实施“抓两头，带中间”科普宣传战略，与媒体、非政府组织等开展公众沟通座谈，推动核科普、核安全文化、核安全政策走进大学、部党校，走进地方政府，走进主流媒体；会同有关部门开展“魅力之光核电科普活动”“公众开放日”“六五环境日”“8·7核行业公众开放日”“‘核＋X’创意大赛”“科普中国——绿色核能”等特色宣传教育活动；打造“核辐社”“魅力之光”“科普中国—绿色核能”等宣传品牌；举办涉核新闻采写培训班，召开核能公众沟通大会；将核安全纳入《大中小学国家安全教育指导纲要》；制作《百问核电》《奇妙的核》《中国核电发展纪实》等通俗易懂的科普读物；指导各核电集团、有核省份和相关单位制定公共宣传计划，通过各种形式手段多措并举加大公众宣传力度。组织动员千余家单位开展“国家安全教育日”活动，累计覆盖超2亿人次。协助新华社、中央电视台等主流媒体采访报道，指导环境报刊发核安全专版、发布公示公告，建设核电科普基地体系，以中国核科技工业馆为试点，授予“国家能源科普教育基地”称号，建成了徐大堡、大

亚湾、台山等9个国家级核与辐射安全科普宣教基地，1个省部级科普基地，另有2个省部级科普基地正在建设中。各省环保部门认真落实核与辐射监管信息公开、公众参与和科普宣传活动，福建省生态环境厅与清华大学和生态环境部核与辐射安全中心联合举办核安全文化科普教育进校园研讨活动；广东省生态环境厅定期举办全省范围的核应急主题宣传，开展了核电安全9问9答活动；广西壮族自治区生态环境厅建成自治区辐射站核科普展厅，运用高科技元素，营造集趣味性、知识性、互动性为一体的核与辐射科普天地；海南省生态环境厅举办了各种类型的科普知识校园行活动、"核安全文化媒体行"等活动，在全省领导干部安全生产专题培训班上开设了核安全文化课程。四川省生态环境厅组织编制了《环境保护厅核与辐射安全公众沟通工作实施方案》，推动构建地方政府主导、涉事企业作为、人民群众参与的公众沟通机制。各核电企业和研究院所积极建设科普宣传平台和，中广核集团举办"核电科普进校园、进课堂"活动，已覆盖120所学校2万余名中小学生，已培养超过万余名科普达人、科普讲师、科普志愿者等。目前其下属各核电基地已累计接待65万名参观公众，连续6年在六大核电基地同步举办"公众开放体验日"，并上线了"公众申请参观核电厂网络报名系统"，现已成为全国核行业公众沟通品牌项目。下属大亚湾、台山、阳江、宁德、红沿河、防城港六大核电基地荣获全国首批"能源科普教育基地"称号；国电集团和所属各单位设置公众沟通相关岗位，打造核科普教育基地，运用网络平台，通过网站、微信公众号、微博等专栏方式传播核电"安全、清洁"理念，积极开展公众沟通活动，为核电发展创造有利环境。上海核工程设计院728科普场馆成功获评全国核科普教育基地；秦山核电形成了核电产业与地方建设和谐发展的海盐范本，江苏核电建立了完善的核安全公众沟通系列管理程序，与江苏省核与辐射安全监督管理局联合开展核电厂周边环境介质监测并通过多个平台对外公开，三门核电组织了万余人参加的"院士三门行"系列科普活动，辽宁核电获评

2016 年度全国科普教育基地优秀单位。清华大学形成以高温气冷实验堆、低温核供热堆实验室等为依托的宣传与科普阵地，年接待参观达 1 700 余人次。

信息公开工作稳步推进。为了贯彻落实《核安全法》相关要求，发布《核安全信息公开办法》，加强核安全重大政策信息解读。国家核安全局继续强化平台建设，推进国家核安全局门户网站建设，开通网站英文版，实现与公众的双向互动，强化微信公众号建设，官微关注人数突破 2 万人，及时发布权威信息，有效地回应社会关切。制定《全球核安全与核安保网络中国站点运维和管理方案》《核设施营运单位核安全信息公开办法》，完善《核与辐射安全监管信息公开方案》。国家能源局门户网站专门设立核电科普专栏，宣传普及核电及其安全知识。

公众参与工作得到合法保障。《核安全法》明确要求“核设施营运单位应当就涉及公众利益的重大核安全事项通过问卷调查、听证会、论证会、座谈会，或者采取其他形式征求利益相关方的意见，并以适当形式反馈”。地方政府、涉核企业广泛开展公众参与，就事关公众利益的重大核安全事项充分征求意见，保障公民的知情权、参与权、监督权。新建核设施在不同阶段均需要在环境影响评价、社会稳定性风险评价等工作中依法公开项目建设信息，并充分征询公众的意见，保障在核设施建设过程中公众依法参与的权利。

（七）国际合作全面深入，国际核安全领域影响力持续提升

分享我国良好实践，积极参与国际活动。第四届核安全峰会取得圆满成功，习近平出席并发表重要讲话，提出强化核安全和推进相关国际合作的四项主张和五大倡议，核安全监管工作在峰会“中国核安全成果展”中得到充分展示，增强了我国国际核安全地位和话语权。生态环境部作为“核安全峰会成果落实联络人小组”主要成员单位之一，会同外交部实施联络人小组框架下的“加强地区核

安全能力建设工作组”，共同主办亚欧会议第五届核能安全研讨会、核安全地区能力建设与合作研讨会、积极参与“核安全问题联络小组”工作，宣传我核安全监管经验和成就，在“后峰会”时代全球核安全治理中发挥积极作用，为推动建立公平、合作、共赢的国际核安全体系贡献力量。国家核安全监管部门主要领导应邀担任国际原子能机构第四届核安全监管有效性大会主席，主持来自 50 多个国家的 300 多名核安全监管高级官员开展讨论，充分彰显我国在国际核安全领域影响力，出席国际原子能机构第六十届大会并出席 15 场双边活动，宣传我国核安全监管成就；签署《中华人民共和国国家核安全局与国际原子能机构之间有关核与辐射安全监管领域合作的实际安排》。继续深入参与安全标准委员会、全球核安全与安保网络、亚洲核安全网络、监管合作论坛等各类重要机制，在国际原子能机构安全标准制定、能力建设等领域发挥积极作用。制定并实施《关于进一步加强与经合组织核能署合作的工作方案》，参与了经合组织核能署下的“燃料包壳安全联合研发”等各类项目和活动。“十三五”期间，成功竞聘国际原子能机构副总干事，提名 2 人担任经合组织核能署核安全监管委员会与核设施安全委员会委员，推荐 4 人到国际原子能机构工作，推荐 2 人到经合组织核能署工作，2 人参加核与辐射安全综合评估（IRRS）专家进修。

大力支持走出去战略实施。组织编制完成英国、阿根廷、伊朗、埃及、印尼、罗马尼亚、南非、沙特、保加利亚、阿联酋、土耳其、巴西 12 个核电“走出去”重点对象国家的国别研究报告，34 份我国核安全法规标准翻译成英文，组织编制我国自主核电技术“华龙一号”、CAP1400、高温气冷堆以及核安全监管体系 4 套培训教材，为“走出去”做好基础性工作。“核电厂多国设计评价计划（MDEP）”作为重点工作，中方发起成立并牵头运行“华龙一号”工作组，标志着我国自主研发的核电技术将与美国 AP1000、法国 EPR、俄罗斯 VVER 等国际主流核电技术在同一平台上接受各国核安全监管部门的共同评价，与国际社会分享核电安全监管经验，有力支撑了我国核电“走出去”和“一带一路”建设。完成加纳和尼日利亚微堆低浓化改造，为全球核安全治理贡献中国智慧，提出中国方案。

积极落实核安全合作协议，拓展合作渠道。截至2018年5月，我国已与巴基斯坦、罗马尼亚、南非、阿根廷、捷克、土耳其、沙特阿拉伯、英国、越南、阿联酋等10个国家签署了核安全合作协议18项，覆盖了绝大多数“一带一路”沿线核电“走出去”重点国家。在推动协议落实方面，与英国召开首次中英核安全合作指导委员会会议并建立年度会议机制；继续保持与巴基斯坦的中巴核安全合作指导委员会会议机制；召开了首次中阿（阿根廷）核安全技术研讨会；接收巴基斯坦、阿根廷等国家核安全监管机构工作人员在华培训，帮助其提升核安全监管能力；召开了首次中捷核安全合作工作会议并确定了未来两年的具体合作活动；召开了首次中越核安全合作研讨会。

加强国际履约，促进履约成果转化。发挥大国影响，在国际核安全领域的影响力话语权持续提升。2016年，国家核安全局主持召开了5次国家报告编审委员会会议，编制完成《核安全公约》第七次审议会议国家报告，充分反映《维也纳核安全宣言》的最新要求，完成对美、俄、法、日等多个国家的100多个提问，展现了负责任大国形象。履约工作有序推进，中国国家报告受到各方高度评价，会议认为中国相关工作完全符合《核安全公约》《维也纳核安全宣言》的要求，中国系统引进国际原子能机构安全标准并转化为部门规章导则等7个方面的工作被认定为良好业绩，值得在国际同行中推广。并圆满解决了非政府组织参加《核安全公约》审议会议、“变相修约”等重要关切问题，为全球核安全治理发出中国声音、提出中国方案。成功推荐我国两名人员担任联合公约第6次审议会议官员，大幅度提升话语权。

双边及区域国际合作全面推进。稳步推进与美、法、俄等核电发达国家和欧盟的合作。持续强化与美国在 AP1000 核电厂调试监管方面和放射源安保领域的合作，邀请美方现场监督员来华在 AP1000 核电现场工作和交流，召开中美核安全合作指导委员会会议，与美续签 AP1000 核电厂核安全合作谅解备忘录，与美开展三轮核安全和两轮打击核走私对话，并在第四届核安全峰会期间发表中美核安全合作联合声明，积极参加《中美和平利用核技术协定》框架下各项活动；出席中法核安全合作指导委员会会议，继续加强双方在 EPR 核电厂安全等领域的合作。协调法国核安全局召开公众沟通研讨会，参加经合组织核能署核国际公众沟通研讨会，以进一步研究核能公众可接受性；持续强化与俄罗斯在 VVER 核电厂和放射性废物管理领域的合作，与俄方联合召开第二次中俄核安全监管工作会议，参加中俄总理定期会晤核问题分委会会议。与加拿大续签核安全合作协议。落实中德两国环境部长会见共识，新开辟中德在核安全领域的合作，与德国环境与核安全部共同在华举办首次中德核安全监管研讨会，在核电厂运行经验反馈、现场监督、放射性废物管理、核设施退役 4 个领域进行深入交流。持续加强同芬兰、德国、西班牙等欧洲国家在放射性废物处理处置等领域的交流与合作。持续保持中、日、韩区域合作机制。在圆满完成为期两年的中国和欧盟"加强中国国家核监管机构及其技术支持机构能力"一期合作项目的基础上，二期能力建设项目顺利启动，并积极筹划第三期项目的合作领域和内容。

（八）完善投入机制，落实支持政策

在国家核与辐射安全监管技术研发基地建设、国家辐射环境监测系统的改造、建设和运行等方面提供了资金保障。各地方监督站结合自身的业务特点，在能力建设，战略性、公益性、基础性核安全科技研发等方面开展实际工作，业务能力有所提升。各省通过各级财政投入持续开展了省级辐射环境监测网的建设和运行、辐射环境与应急能力的建设工作，根据新的城市放射性废物库建设和运行

要求进行了升级改造。涉核企业在安全改造、技术升级、应急抢险、运行管理、安全保卫等方面增加了投入，实施安全改进、技术升级、污染防治等工程，提升核设施与核技术利用装置本质安全水平。

二、《核安全规划》实施主要问题

（一）政策出台进度滞后

部分专业领域政策尚未启动研究工作，部分领域研究及制定进展缓慢。核事故损害赔偿立法尚未有实质进展，高风险放射源责任保险制度推进缓慢，目前处于保险试点阶段。放射性废物清洁解控和最小化政策、研究堆审批立项阶段的设施运维和退役费用安排政策、职业人员健康损害赔偿制度等尚未开展相关研究工作。国家放射性废物管理相关政策制度尚处于前期研究阶段，距离形成管理战略仍有一定差距。

（二）企业信息公开的内容和要求尚不明确

《核安全法》要求核设施营运单位应当公开本单位核安全管理制度和相关文件、核设施安全状况、流出物和周围环境辐射监测数据、年度核安全报告等信息。具体办法由国务院核安全监督管理部门制定。《核安全规划》要求“企业在不同阶段依法公开项目建设信息”，也需要为公众更好地参与到核设施建设的各过程提供齐全的信息。目前核电项目的建设及运行过程中，针对社会稳定性分析、环境影响评价、环保竣工验收等在不同的规章中均有信息公开的要求，但由于归口管理的差异，公开的信息由于企业的理解、不同的阶段以及不同的地区等方面的差异而不尽相同，容易造成信息公开内容不规范，致使公众的质疑，带来较大的舆情风险。

（三）公众沟通面临新挑战

随着"互联网＋"时代的到来和新媒体的多元化发展，信息的传播方式和舆论生态正在发生革命性变化。新媒体应运而生，为传统的公众沟通工作带来了新的挑战和课题，在"互联网＋"时代，如何适应新媒体的信息传播特点，如何快速响应新形势下的网络舆情，谨防发生"塔西佗陷阱"，是公众沟通和舆情应对工作面临的新挑战和难题。

（四）经费保障不足

"十三五"期间，《核安全规划》提出的重点工程实际完成投资155亿元，比照"十二五"规划重点工程投资457亿元，减少66％。规划落实相关经费锐减，经费保障严重不足。在监管方面，核安全监管经费保障不足，国家核与辐射监管技术研发基地内涵建设进展滞后，实验设施缺乏导致核安全分析验证能力和手段均存在短板。在科技研发方面，投入经费长期不足，战略性、公益性、基础性核安全科技研发缺乏关注，相对薄弱。地方核与辐射安全监管、执法、应急能力建设经费欠缺，基层监管人员、业务能力难以满足地方日益增长的监管需求。

三、《核安全规划》实施评估建议

（一）做好《核安全法》出台后配套工作，加大法律法规制修订力度

扎实推进核安全法出台后各项宣贯活动，推动《核安全法》相关的法规和配套性文件的制定和出台。持续推进原子能法的出台，配合全国人大和国务院做好修改完善工作。持续推动《中华人民共和国放射性污染防治法》《放射性同位素与射线装置安全和防护条例》等法律法规的制修订工作，做好制修订论证研究，加快制修订

进程。推动地方性法律法规及规范性文件的出台实施，鼓励地方在必要、急需的且国家层面存在空白的领域先行先试。发挥全国核安全标准化技术委员会作用，加强核与辐射国家标准统筹管理，完善标准顶层设计，建立健全国家核安全标准体系。

（二）强化公众沟通工作，制定企业信息公开的规范性要求

打造新型公众沟通新手段，运用新兴媒体做好公众沟通工作，新媒体已逐渐取代传统媒体成为社会主要沟通交流手段和获取信息的平台，探索开发公共信息平台，将科普宣传及信息公开与微博、微信、手机应用等新媒体手段进行有机融合，推动公众沟通方式由灌输式单向宣传向互动式双向沟通转变。公众宣传方式向常态化转变，将科学常识与思维模式嵌入公众认知体系，树立核安全领域“大 V”“公知”，提升科普宣传的权威性和影响力。开展核设施周边利益补偿机制研究，实现与居民融合发展，探索合理的地企利益分配机制，化解邻避问题。

尽快出台《核设施环评公众参与实施细则》，细化公众参与各项要求。组织开展核设施公众参与相关规定研究，完善核设施环评公众参与外部监督机制。完善核设施核安全信息公开制度，对核电项目建设和运行各阶段的信息公开方式、内容等提出规范的建议，搭建统一信息公开平台，形成企业与监管部门多方联动的信息公开格局。

（三）优化机制体制和管理体系，加快出台核安全相关政策

尽快推动核事故损害赔偿立法，充分做好前期调研和准备工作，对核损害定义和范围、赔偿责任和范围、赔偿限额和顺序、责任免除等内容作出明确规定。同时，考虑将放射源辐射事故责任保险有关内容纳入该立法，或制定专门的放射源责任保险规章制度，建立放射源责任保险顶层设计。研究完善放射性废物管理制度，形成国家放射性废物管理战略。推动开展放射性废物清洁解控和最小

化政策、研究堆审批立项阶段的设施运维和退役费用安排政策、职业人员健康损害赔偿制度的前期研究。

（四）强化核安全规划实施配套，落实经费保障

对纳入规划的任务项目，相关部门、地方和企业做好统筹衔接，建议在相关预算支出中合理保障列入本规划的建设项目，充分利用现有资金渠道，积极拓展经费来源，科学编制项目预算，保障项目顺利实施。切实加强规划实施效果，提高规划执行力、约束力和权威性。

第二部分

组织开展评估工作相关文件

《核安全与放射性污染防治“十三五”规划及2025年远景目标》中期评估方案

《国务院关于〈核安全与放射性污染防治“十三五”规划及2025年远景目标〉的批复》(国函〔2017〕29号)要求，环境保护部要加强综合协调，会同有关部门对《核安全与放射性污染防治“十三五”规划及2025年远景目标》(以下简称“《核安全规划》”)实施进行跟踪分析和督促检查，注意研究新情况、解决新问题、总结新经验，适时组织开展《核安全规划》中期评估和期末评估，重大问题及时向国务院报告。为落实国务院批复要求，科学指导相关部门联合开展《核安全规划》中期评估工作，编制本方案。

一、评估依据

(一)《国务院关于〈核安全与放射性污染防治“十三五”规划及2025年远景目标〉的批复》(国函〔2017〕29号)。

(二)《〈核安全与放射性污染防治“十三五”规划及2025年远景目标〉重点任务、重点工程和保障措施部门分工方案》(环办核设函〔2017〕1195号，以下简称“《分工方案》”)。

(三)中央和地方的事权划分与“三定”职责。

二、评估目的

按照国务院要求，评估规划落实责任单位对《核安全规划》的中期执行情况，系统总结规划实施的经验，科学分析存在的问题，明确下一步《核安全规划》实施工作重点，初步预测到“十三五”

末期规划的实施情况，形成评估报告上报；同时，通过开展中期评估工作，进一步完善核安全规划评估机制和评估方法。

三、评估原则

（一）分类指导，规范评估。坚持分类评估，按中央部委、解放军有关部门，企事业单位，省（区、市）环境保护厅（局）三类主体分头开展评估，充分尊重相关主体的评估意见。坚持规范评估，制定中期评估方案，自评估报告编制大纲、评估重点指标表、重点工程项目表等技术文件，科学指导三类单位规范开展中期评估工作。涉及国家秘密的项目考核，遵照国家有关保密法律法规要求执行。

（二）全面覆盖，突出重点。评估范围覆盖落实《核安全规划》的所有责任主体，覆盖目标指标、重点任务、重点工程、保障措施等内容。在评估指标的设立中聚焦重点，建立评估指标体系。同时，在实施评估过程中，根据评估指标的重要性、复杂性、紧迫性和典型性，选择重点评估指标进行实地考察和抽查。

（三）力求定量，定性结合。对于《核安全规划》中能够量化的目标、任务、重点工程、保障措施等，进行定量评估；对于部分缺乏定量指标但比较重要的规划任务，进行定性评估。

四、评估主体

《核安全规划》中期评估由生态环境部（国家核安全局）、发展改革委、财政部、能源局、国防科工局组织实施，开展自评估的单位具体包括：

（一）《分工方案》中涉及责任分工的中央部委、解放军有关部门；

（二）《分工方案》中涉及责任分工的企事业单位；

（三）各省（区、市）环境保护厅（局）。

五、评估时间节点

2016 年 1 月 1 日至 2018 年 6 月 30 日。

六、主要评估内容

（一）规划目标

1. 《核安全规划》2020 年目标；
2. 《核安全规划》6 个方面的具体目标。

（二）重点任务

1. 保持核电厂高安全水平；
2. 降低研究堆、核燃料循环设施风险；
3. 加快早期核设施退役及放射性废物处理处置；
4. 减少核技术利用辐射事故发生；
5. 保障铀矿冶及伴生放射性矿辐射环境安全；
6. 提高核安全设备质量可靠性；
7. 提升核安保水平；
8. 加强核与辐射事故应急响应；
9. 推进核安全科技研发；
10. 推进核安全监管现代化建设。

（三）重点工程

1. 核安全改进工程；
2. 核设施退役及放射性废物治理工程；
3. 核安保与反恐升级工程；
4. 核事故应急保障工程；
5. 核安全科技创新工程；

6. 核安全监管能力建设工程。

（四）保障措施

1. 完善法律法规；
2. 强化政策配套；
3. 优化体制机制；
4. 加快人才培养；
5. 强化文化培育；
6. 推进公众沟通；
7. 深化国际合作；
8. 完善投入机制。

七、评估方式

在单位自评的基础上，采用报告审查、现场调查和综合考评相结合的方式开展评估，相关单位提供的《核安全规划》中期评估报告作为报告审查的重要依据。

（一）单位自评。中央部委、解放军有关部门按照《分工方案》全面开展评估，提交评估报告；企事业单位按照《核安全规划》内容及《企事业单位重点评估任务和指标表》（见附1）开展评估，逐一说明指标进展情况，并按照《自评估报告编制大纲》（见附2），编制提交评估报告；省（区、市）环境保护厅（局）按照《各省（区、市）环保厅（局）评估任务和指标表》（见附3）开展评估，并参照《自评估报告编制大纲》（见附2），编制提交评估报告。三类评估主体同时填写《重点工程项目表》（见附4）。

（二）报告审查。生态环境部（国家核安全局）牵头有关部门认真审查各单位提交的评估材料，并提出意见，必要时要求各单位对材料进行补正。

（三）现场调查。根据报告审查情况，针对提交资料不详实，重要数据存疑等相关问题组织开展现场调查，与有关单位进行核证，确保评估结果客观真实。

（四）综合考评。根据报告审查、现场调查情况，对评估结果进行汇总、分析，编写中期评估国家报告，由生态环境部（国家核安全局）、发展改革委、财政部、能源局、国防科工局联合上报国务院。

八、进度安排

（一）准备阶段（2018 年 4—6 月）。生态环境部（国家核安全局）牵头编制《〈核安全与放射性污染防治"十三五"规划及 2025 年远景目标〉中期评估方案》，并征求有关单位意见，印发评估工作通知，组织开展评估培训。

（二）各单位自评阶段（2018 年 7—8 月）。各单位开展《核安全规划》实施自评估工作，于 2018 年 8 月 31 日前将自评估报告提交生态环境部（国家核安全局）。

（三）综合考评阶段（2018 年 9—12 月）。生态环境部（国家核安全局）、发展改革委牵头财政部、能源局、国防科工局组织开展报告审查、现场核查和综合评估，形成规划中期评估报告联合上报国务院，并视情向社会发布。

九、组织实施

（一）强化组织保障。各相关单位充分认识开展中期评估的重要意义，将中期评估纳入年度重点工作安排，加强组织领导，落实经费保障，强化人才和技术支撑。

（二）加强协调配合。各相关单位从全局出发，各司其职，各负其责，密切配合，建立联络机制，确定一名处级干部作为评估联络员，并派专人参与具体评估工作，确保中期评估工作顺利推进。

《核安全与放射性污染防治“十三五”规划及2025年远景目标》终期评估方案

为落实《国务院关于〈核安全与放射性污染防治“十三五”规划及2025年远景目标〉的批复》（国函〔2017〕29号）有关要求，生态环境部会同有关部门对《核安全与放射性污染防治“十三五”规划及2025年远景目标》实施情况开展终期评估。

一、总体要求

以习近平新时代中国特色社会主义思想为指导，全面落实党的十九大和十九届二中、三中、四中全会精神，深入贯彻习近平生态文明思想，坚持总体国家安全观和理性、协调、并进的核安全观，全面评估《核安全与放射性污染防治“十三五”规划及2025年远景目标》（以下简称“《核安全规划》”）实施情况，系统总结《核安全规划》实施经验，科学分析存在的问题，为“十四五”期间核安全工作及规划编制提供对策建议，形成评估报告上报。

二、评估依据

（一）《国务院关于〈核安全与放射性污染防治“十三五”规划及2025年远景目标〉的批复》（国函〔2017〕29号）；

（二）《〈核安全与放射性污染防治“十三五”规划及2025年远景目标〉重点任务、重点工程和保障措施部门分工方案》（环办核设函〔2017〕1195号，以下简称“《分工方案》”）；

（三）《关于统筹推进省以下生态环境机构监测监察执法垂直管理制度改革工作的通知》（环人事〔2018〕148号）；

（四）中央和地方的事权划分与“三定”职责。

三、评估目的

按照国务院要求，全面评估规划落实责任单位对《核安全规划》的执行和完成情况，系统总结规划实施的经验，科学分析存在的问题，提出“十四五”核安全工作及规划编制思路建议，形成评估报告上报。将规划评估成果应用在未来核安全监管和规划决策工作中，为后续政策制定、规划编制提供依据。

四、评估主体

《核安全规划》终期评估由生态环境部（国家核安全局）、发展改革委、财政部、能源局、国防科工局组织实施，开展自评估的单位具体包括：

（一）《分工方案》中涉及责任分工的国家及军队有关部门；

（二）《分工方案》中涉及责任分工的企事业单位；

（三）各省（区、市）生态环境厅（局）。

五、评估原则

（一）明确主体，分类实施。以各省（区、市）、涉核集团和企事业单位为主要评估对象，分类推动规划评估，推动落实规划实施主体责任。

（二）全面覆盖，突出重点。采用定量与定性相结合的方式，根据规划任务的重要性和典型性选取评估指标，覆盖目标指标、重点任务、重点工程、保障措施等内容。

（三）规范开展，科学评估。根据自评估报告编制大纲，各有关单位按照规范格式编制自评估报告。在各有关单位自评的基础上，我部采用报告审查、现场调查和综合考评相结合的方式开展评估。

六、主要评估内容

（一）规划目标

1.《核安全规划》2020 年目标；
2.《核安全规划》6 个方面的具体目标。

（二）重点任务

1. 保持核电厂高安全水平；
2. 降低研究堆、核燃料循环设施风险；
3. 加快早期核设施退役及放射性废物处理处置；
4. 减少核技术利用辐射事故发生；
5. 保障铀矿冶及伴生放射性矿辐射环境安全；
6. 提高核安全设备质量可靠性；
7. 提升核安保水平；
8. 加强核与辐射事故应急响应；
9. 推进核安全科技研发；
10. 推进核安全监管现代化建设。

（三）重点工程

1. 核安全改进工程；
2. 核设施退役及放射性废物治理工程；
3. 核安保与反恐升级工程；
4. 核事故应急保障工程；
5. 核安全科技创新工程；
6. 核安全监管能力建设工程。

（四）保障措施

1. 完善法律法规；

2. 强化政策配套；
3. 优化体制机制；
4. 加快人才培养；
5. 强化文化培育；
6. 推进公众沟通；
7. 深化国际合作；
8. 完善投入机制。

七、评估方式

在单位自评估的基础上，采用报告审查、现场核查和综合考评相结合的方式开展评估，相关单位提供的《核安全规划》终期评估报告作为报告审查的重要依据。

（一）单位自评。国家及军队有关部门按照《分工方案》全面开展评估，提交进展情况；涉核集团和企事业单位按照《核安全规划》内容及《涉核集团和企事业单位重点评估指标表》（见附5）开展评估，并按照《自评估报告编制大纲》（见附7），编制提交自评估报告；省（区、市）生态环境厅（局）按照《各省（区、市）重点评估指标表》（见附6）开展评估，并按照《自评估报告编制大纲》（见附7），编制提交自评估报告。各省（区、市）、涉核集团和企事业单位同时填写《重点工程项目表》（见附8）。评估内容和采用数据起止时间为2016年1月1日至2020年3月31日，并预判2020年12月31日前各项工作进展。

（二）报告审查。生态环境部（国家核安全局）会同有关部门组织审查相关单位提交的自评估材料，并提出审查意见，必要时要求各单位对材料进行补正。

（三）现场核查。选取典型单位开展现场核查，同时根据评估报告审查情况，针对重点指标、重要数据等开展重点调查与核正，确保评估结果客观真实有效。

（四）综合考评。根据报告审查、现场核查情况，对评估结果进行汇总、分析，组织编写终期评估国家报告。

八、进度安排

（一）准备及自评阶段（2020 年 1 月—5 月）。生态环境部（国家核安全局）牵头编制《<核安全与放射性污染防治“十三五”规划及 2025 年远景目标>终期评估方案》，征求有关单位意见，印发评估工作通知，组织开展评估培训。组织各评估主体开展自评估工作。

（二）核查论证阶段（2020 年 6 月）。我部会同有关部门审查相关单位提交的自评估材料，抽选重点指标进行现场调查与核证。

（三）综合考评阶段（2020 年 7 月）。我部会同有关部门依据报告审查与现场核查情况，组织编写终期评估报告，由生态环境部（国家核安全局）、发展改革委、财政部、能源局、国防科工局联合上报国务院，并视情向社会发布。

九、组织实施

（一）强化组织保障。各相关单位充分认识开展终期评估的重要性，将终期评估纳入年度重点工作安排，加强组织领导，落实经费保障，强化人才和技术支撑。

（二）加强协调配合。各相关单位从全局出发，各司其职，密切配合，建立联络机制，确定一名规划终期评估工作联络员，并派具有规划工作经验的同志参与具体评估工作，确保终期评估工作顺利推进、圆满完成。

附 1

企事业单位重点评估任务和指标表

序号	层次	评估指标和条目
1	规划组织实施	核安全规划宣贯、落实情况
2	持续改进，保持核电厂高安全水平	商业运行核电机组发生运行事件（起）发生情况
3		福岛核事故后安全改进措施有效性评估开展情况
4		核电厂老化与寿命管理、运行许可证延续安全评价的开展情况
5		核电厂人因管理及概率安全分析试点应用情况
6		营运单位对核电工程总承包单位及各级分包单位的管理优化情况
7		核电厂建造事件管理情况
8		AP1000、“华龙一号”、EPR、高温气冷堆调试和试验开展情况
9		核电厂选址、保护、复核及社会风险应对情况
10	强化管控，降低研究堆、核燃料循环设施风险	研究堆定期安全审查、老化管理及安全改进情况
11		早期建造的核燃料循环设施安全改进及关停情况
12		防止六氟化铀泄漏措施完善情况
13		乏燃料贮存设施建设情况
14		乏燃料后处理示范工程和大型商用后处理厂建设进展情况
15		铁路、水路和航空等方式运输放射性物品情况

续 表

序号	层次	评估指标和条目
16	统筹推进，加快早期核设施退役及放射性废物处理处置	重点单位的早期核设施退役情况
17		放射性固体废物贮存设施和处理设施的建设情况
18		低中放固体废物处置场建设情况
19		秦山、大亚湾核电基地放射性废物集中处理示范工程建设情况
20		高放废物地质处置地下实验室建设及处置场选址进展情况
21	规范管理，减少核技术利用辐射事故发生	高风险放射源生产单位配套建设废旧放射源长期贮存设施情况
22		废旧放射源安全收贮情况，循环再利用、处理处置及相关研究开展情况
23	综合整治，保障铀矿冶及伴生放射性矿辐射环境安全	地下铀矿山在役矿井通风及井下消防系统等安全改造情况
24		2010年前关停的铀矿冶设施退役治理和环境恢复完成情况
25		位于敏感地区的铀矿地质勘探设施退役治理完成情况
26		“十二五”期间关停的铀矿冶设施安全关闭及退役治理情况
27		铀矿冶设施退役治理后长期监护机制建立情况
28	强化管理，提高核安全设备质量可靠性	营运单位对核安全设备的监造管理及出厂验收情况
29		核安全设备持证单位提高核安全文化水平措施

续　表

序号	层次	评估指标和条目
30	防控结合，提升核安保水平	核电厂防范网络攻击、数据操纵或篡改的能力建立情况
31		核设施实物保护系统改造情况
32	完平战结合，加强核与辐射事故应急响应	核应急预案的修订情况
33		涉核集团公司（院）核应急指挥中心和应急能力建设
34		国家核事故应急支援基地和核电集团核事故场内应急支援队伍建设情况
35		应急演习及应急培训情况
36	创新驱动，推进核安全科技研发	核安全科技研发平台建立和完善情况
37		严重事故分析研究、设备材料老化评估及运行许可证延续关键技术研究等 13 个领域核安全技术研发开展情况
38	政策措施领域	核安全人才培养情况
39		核安全文化宣贯、评估相关情况
40		核安全公众沟通及涉核社会风险防范化解情况
41		核安全国际合作开展情况
42		核安全资金投入情况

附 2

自评估报告编制大纲

第一章、《核安全规划》要求与实施总体情况

1. 《核安全规划》对应要求以及本单位制定的规划（计划）要求

2. 贯彻落实《核安全规划》的具体安排、工作进展、做法

3. 中期评估的组织安排情况

4. 《核安全规划》实施主要经验和存在的问题

第二章、核电厂内容实施评估

1. 核电厂领域目标和重点任务的实施程度及效果

2. 核电厂领域工作中的经验与问题

第三章、研究堆和核燃料循环设施内容实施评估

1. 研究堆和核燃料循环设施领域目标和重点任务的实施程度及效果

2. 研究堆和核燃料循环设施领域工作中的经验与问题

第四章、早期核设施退役及放射性废物处理处置内容实施评估

1. 早期核设施退役及放射性废物处理处置领域目标和重点任务的实施程度及效果

2. 早期核设施退役及放射性废物处理处置领域工作中的经验与问题

第五章、核技术利用内容实施评估

1. 核技术利用领域目标和重点任务的实施程度及效果

2. 核技术利用领域工作中的经验与问题

第六章、铀矿冶及伴生放射性矿内容实施评估

1. 铀矿冶及伴生放射性矿领域目标和重点任务的实施程度及效果

2. 铀矿冶及伴生放射性矿领域工作中的经验与问题
第七章、核安全设备内容实施评估
1. 核安全设备领域目标和重点任务的实施程度及效果
2. 核安全设备领域工作中的经验与问题
第八章、核安保内容实施评估
1. 核安保领域目标和重点任务的实施程度及效果
2. 核安保领域工作中的经验与问题
第九章、核与辐射应急内容实施评估
1. 核与辐射应急领域目标和重点任务的实施程度及效果
2. 核与辐射应急领域工作中的经验与问题
第十章、核安全科研内容实施评估
1. 核安全科研领域目标和重点任务的实施程度及效果
2. 核安全科研领域工作中的经验与问题
第十一章、核安全监管内容实施评估
1. 核安全监管领域目标和重点任务的实施程度及效果
2. 核安全监管领域工作中的经验与问题
第十二章、规划政策措施实施评估
1. 主要政策措施实施与创新情况
2. 政策措施实施的经验与问题
第十三章、核安全"十三五"规划中期评估结论
1. 《核安全规划》实施总体情况与分析
2. 《核安全规划》终期目标可达性分析
3. 后续推动《核安全规划》实施的工作安排部署
4. 改进《核安全规划》实施的对策建议
5. 对"十四五"核安全规划编制的建议
注：各评估对象结合实际涉及的工作范围适当增减评估内容。

附 3

各省（区、市）环保厅（局）评估任务和指标表

序号	层次	评估指标和条目
1	规划组织实施	核安全规划宣贯、落实情况
2	规范管理，减少核技术利用辐射事故发生	放射源辐射事故年发生率（起/每万枚）
3		废旧放射源安全收贮率（%）
4		放射源安全专项检查行动开展情况
5		高风险移动源辐射安全监管情况
6		废旧放射源辐射安全管理情况
7	综合整治，保障铀矿冶及伴生放射性矿辐射环境安全	铀矿冶设施退役治理后长期监护机制建立情况
8		伴生放射性矿辐射环境管理情况
9	防控结合，提升核安保水平	城市放射性废物库安保系统的升级改造情况
10		部分地区城市放射性废物库废旧放射源清库情况
11	平战结合，加强核与辐射事故应急响应	核与辐射应急预案的修订情况
12		重点地区核与辐射应急能力建设情况
13		综合性辐射应急演习及专项应急演习情况
14	创新驱动，推进核安全科技研发	开展核与辐射安全科研情况
15	提升能力，推进核安全监管现代化建设	省级辐射环境监测能力建设情况
16		地市级辐射环境监测能力建设情况

续　表

序号	层次	评估指标和条目
17	政策措施领域	地方核与辐射安全法规、导则、标准制修订情况
18		核与辐射安全人才培养情况
19		核安全文化宣贯、培育相关情况
20		核与辐射安全公众沟通情况
21		核与辐射安全资金投入情况

附 4

重点工程项目表

序号	重点工程	主要内容	项目名称	项目来源	承担单位	起止时间	项目内容	项目资金（万元）				完成情况和存在的问题	备注
								中央投资	地方配套	企业自筹	小计		
一、核安全改进工程													
1	核电厂安全改进	开展日本福岛核事故后核电厂安全改进行动计划长期项目，开展核电厂数字化仪控系统、乏燃料水池、冷源安全、应急电源、安注系统、放射性废物处理系统等安全改进；在核岛厂房控制区增加视频监视系统											

续 表

序号	重点工程	主要内容	项目名称	项目来源	承担单位	起止时间	项目内容	项目资金（万元）				完成情况和存在的问题	备注
								中央投资	地方配套	企业自筹	小计		
2	秦山 320 MW 机组许可证延续评估	评估执照基准变化对机组安全状况的影响，开展系统、设备及重要零部件时限老化分析和整体性评估，开展机组安全改进											
3	研究堆安全改进	中国先进研究堆安全棒驱动机构改造及其他辅助系统安全改造、中国实验快堆辐射防护系统升级改造，高通量工程试验堆、岷江试验堆、中国脉冲堆等研究堆老化系统设备技术改造											

续 表

序号	重点工程	主要内容	项目名称	项目来源	承担单位	起止时间	项目内容	项目资金（万元）				完成情况和存在的问题	备注
								中央投资	地方配套	企业自筹	小计		
4	核燃料循环设施安全改进	部分燃料元件制造设施、铀浓缩工程辅助配套等设施鉴定、评估及加固改造											
二、核设施退役及放射性废物治理工程													
1	早期核设施退役	重点单位早期反应堆、核燃料循环设施、科研设施、三废处理等设施的退役											
2	放射性废物处理能力建设	高、中、低放废液处理设施的建设，放射性固体废物压缩减容、焚烧、暂存能力建设											

续 表

序号	重点工程	主要内容	项目名称	项目来源	承担单位	起止时间	项目内容	项目资金（万元）				完成情况和存在的问题	备注
								中央投资	地方配套	企业自筹	小计		
3	放射性废物处置能力建设	5座中低放固体废物处置场建设；西北中低放固体废物处置场扩建；新建成的中低放固体废物处置场废物接收检测能力建设；高放废物地质处置地下实验室建设											
4	铀矿冶设施和铀地质勘探设施退役治理	完成部分关停的铀矿冶设施退役治理和环境恢复，安全关闭部分铀矿冶设施，及时启动退役治理；开展铀矿地质勘探矿床（点）的退役治理和环境恢复											

续 表

序号	重点工程	主要内容	项目名称	项目来源	承担单位	起止时间	项目内容	项目资金（万元）				完成情况和存在的问题	备注
								中央投资	地方配套	企业自筹	小计		
三、核安保与反恐升级工程													
1	核电厂实物保护改造	部分核电厂实物保护系统整体升级改造、视频监控系统改造、门禁等出入口控制改造，增加入侵探测和生物智能识别系统、低空飞行物管控工具和设备、海面探测系统设备											
2	核电厂网络安全能力建设	建立核电厂网络安全实验室，搭建核电厂工控系统测试平台，配备核电厂网络安全监控工具，开展网络计算机关键系统技术控制措施研究及相关基础设施的建设											

续　表

序号	重点工程	主要内容	项目名称	项目来源	承担单位	起止时间	项目内容	项目资金（万元）				完成情况和存在的问题	备注
								中央投资	地方配套	企业自筹	小计		
3	研究堆实物保护系统改造	重点单位实物保护系统运行保障能力建设；重点单位实物保护系统工程改造											
4	核燃料循环设施实物保护系统改造	部分核燃料循环设施实物保护系统改造、核安全监控体系升级改造和整体安保能力建设											
5	城市放射性废物库实物保护系统升级改造	部分城市放射性废物库安保系统升级改造；对个别地区城市放射性废物库废旧放射源和放射性废物开展清库											
6	高浓铀研究堆低浓化改造	对部分研究堆开展低浓化改造，协助相关国家开展低浓铀改造											

续 表

序号	重点工程	主要内容	项目名称	项目来源	承担单位	起止时间	项目内容	项目资金（万元）				完成情况和存在的问题	备注
								中央投资	地方配套	企业自筹	小计		
四、核事故应急保障工程													
1	国家核事故应急救（支）援体系建设	国家核事故应急救援队能力建设；浙江秦山、广东大亚湾（阳江）、山东烟台3个支援基地建设，核电培训、物资储备和技术支持等基础设施建设，配备运输车辆、信息通信、运行维修、远程遥控、辐射监测与防护、后勤保障等设备；国家级核应急专业技术支持中心和救援分队建设，各支力量达到相应能力要求											

续 表

序号	重点工程	主要内容	项目名称	项目来源	承担单位	起止时间	项目内容	项目资金（万元）				完成情况和存在的问题	备注
								中央投资	地方配套	企业自筹	小计		
2	东北边境及周边地区应急监测能力建设	在边境及周边地区配置固定及可移动自动监测装置，建设前沿中心实验室和后方实验室，研究布设水体辐射自动监测站，加强无人机辐射应急航测能力建设，研发针对核试验的多尺度放射性后果评价系统											
3	省级应急能力建设	江苏、浙江、广东、福建、广西、辽宁、山东、海南等各核电省份应急指挥、救援能力建设并完善应急物资储备，省级核应急医学救援队伍建设，配备现场医学救援装备											

续 表

序号	重点工程	主要内容	项目名称	项目来源	承担单位	起止时间	项目内容	项目资金（万元）				完成情况和存在的问题	备注
								中央投资	地方配套	企业自筹	小计		
4	重点单位和核电集团公司应急能力建设	各核电集团公司和重点单位核事故应急能力、指挥协调、技术支持、救援分队等能力建设，配备必要应急物资及装备											
五、核安全科技创新工程													
1	核安全技术研究项目	开展严重事故分析研究、设备材料老化评估及许可证延续关键技术研究、风险指引型核安全监管技术研究、新型反应堆安全评价验证研究、安全分析软件研发、非能动安全技术研究、数字化仪控系统失											

续　表

序号	重点工程	主要内容	项目名称	项目来源	承担单位	起止时间	项目内容	项目资金（万元）				完成情况和存在的问题	备注
								中央投资	地方配套	企业自筹	小计		
1	核安全技术研究项目	效模式和可靠性研究、核电厂网络安全研究、内陆核电安全技术及环境影响评价技术研究、应急去污洗消技术研究、放射性废物中等深度和近地表处置技术研究、高放废物处理处置技术研究等领域核安全技术研究											
六、监管能力建设工程													
1	国家核与辐射安全监管技术研发基地建设	建设压水堆安全性技术试验平台、核安全监控预警与应急响应平台、核安全国际合作交流平台、核电厂运行安全仿											

续 表

序号	重点工程	主要内容	项目名称	项目来源	承担单位	起止时间	项目内容	项目资金（万元）				完成情况和存在的问题	备注
								中央投资	地方配套	企业自筹	小计		
1	国家核与辐射安全监管技术研发基地建设	真分析技术实验室、放射性废物安全管理技术验证实验室、辐射环境监测技术实验室											
2	全国辐射环境监测网络建设	国控大气辐射环境自动监测站建设，对接近运行寿期、设备老化的自动监测站进行系统优化和升级改造；对5家重点核设施单位共21个国控点位的外围环境监督性监测系统进行升级；省级辐射环境监测网建设，覆盖重点监管的核设施周边地区、边境及其他敏感地区											

续　表

序号	重点工程	主要内容	项目名称	项目来源	承担单位	起止时间	项目内容	项目资金（万元）				完成情况和存在的问题	备注
								中央投资	地方配套	企业自筹	小计		
3	中央和地方辐射环境监测能力建设	全国6个地区核与辐射安全监督站、2个技术支持中心监测能力建设，提高大规模样品实验室分析能力、质量控制能力以及信息汇总和评价能力；补齐省级核与辐射应急监测调度平台及地市级快速应急监测系统，有核电省份事故早期预警及污染区快速划定能力建设，重点地市开展区域性监测分析实验室建设											

续 表

序号	重点工程	主要内容	项目名称	项目来源	承担单位	起止时间	项目内容	项目资金（万元）				完成情况和存在的问题	备注
								中央投资	地方配套	企业自筹	小计		
4	核与辐射安全监督站基础能力建设	全国6个地区核与辐射安全监督站执法装备配备、人员培训。监督站业务用房、华东地区核电模拟机控制室及其配套设施等相关能力建设											
5	核与辐射安全监管信息系统建设和升级	国家核技术利用辐射安全管理系统全面升级，具体涵盖核技术利用网络化监督检查系统、放射性药品进出口及转让业务系统、核技术利用经验反馈系统开发；建立高风险移动放射源在线实时跟踪监控平台；											

续 表

序号	重点工程	主要内容	项目名称	项目来源	承担单位	起止时间	项目内容	项目资金（万元）				完成情况和存在的问题	备注
								中央投资	地方配套	企业自筹	小计		
5	核与辐射安全监管信息系统建设和升级	建立全国放射性废物管理信息系统，对核设施、核技术利用活动中放射性废物产生、处理、贮存和处置实现全过程信息化管理											
6	海洋辐射监测能力建设	在我国沿海核电厂附近海域建设辐射监测系统，完善海洋辐射监测预警体系											

注：对不涉及的工程项目，可不填。

附 5

涉核集团和企事业单位重点评估指标表

序号	规划领域	评估指标	指标属性
1	规划组织实施	核安全规划宣贯、落实情况	定性
2	持续改进，保持核电厂高安全水平	商业运行核电机组发生运行事件情况	定量
3		福岛核事故后安全改进措施有效性评估开展情况	定性
4		核电厂老化与寿命管理、运行许可证延续安全评价的开展情况	定性
5		核电厂人因管理及概率安全分析试点应用情况	定性
6		营运单位对在建核电建造质量的管理情况	定性
7		核电厂建造事件管理情况	定性
8		AP1000、“华龙一号”、EPR、高温气冷堆等新机型开展调试、经验反馈和试验情况	定性
10		新建核电机组从设计上实际消除大量放射性物质释放的实施情况	定性
11	强化管控，降低研究堆、核燃料循环设施风险	研究堆定期安全审查、老化管理、安全改进及升级的开展情况	定性
13		防止六氟化铀泄漏措施完善情况	定性
14		核燃料循环设施职业照射剂量情况	定性
15		放射性物品运输及安保情况	定性

续　表

序号	规划领域	评估指标	指标属性
16	强化管控，降低研究堆、核燃料循环设施风险	低中放固体废物处置场建设情况	定量
17		秦山、大亚湾核电基地放射性废物集中处理示范工程建设情况	定性
18		高放废物地质处置地下实验室建设情况	定性
19		高放废物地质处置场选址及相关研究进展情况	定性
20	规范管理，减少核技术利用辐射事故发生	高风险放射源生产单位配套建设情况，废旧放射源长期贮存设施情况	定性
21		废旧放射源安全收贮情况，循环再利用、处理处置及相关研究开展情况	定性
22	综合整治，保障铀矿冶及伴生放射性矿辐射环境安全	企业流出物和周边环境监测相关情况	定性
23		地下铀矿山在役矿井通风及井下消防系统等安全改造情况	定性
24		地浸采铀矿山地下水污染防治开展情况	定性
25		尾矿库安全情况	定性
26		2010年前关停的铀矿冶设施退役治理和环境恢复完成情况	定性
27		位于敏感地区的铀矿地质勘探设施退役治理完成情况	定性
28		“十二五”期间关停的铀矿冶设施安全关闭及退役治理情况	定性
29		铀矿冶设施退役治理后长期监护机制建立情况	定性
30		地浸采铀矿山退役治理计划制定情况	定性

续　表

序号	规划领域	评估指标	指标属性
31	强化管理，提高核安全设备质量可靠性	核安全设备的监造管理及出厂验收情况	定性
32		提高核安全文化水平的相关措施	定性
33		提高质保体系有效性的相关措施	定性
34		核电厂防范网络攻击、数据操纵或篡改能力建立情况	定性
35		核设施实物保护系统改造情况	定性
36	平战结合，加强核与辐射事故应急响应	核应急预案修订情况	定性
37		核电集团核事故场内应急支援能力建设情况	定性
38		核应急指挥中心建设情况	定性
39		应急队伍建设和技术支持完善情况	定性
40		核应急资源储备完成情况	定性
41		应急演习及应急培训情况	定性
42	创新驱动，推进核安全科技研发	核安全科技研发平台建立和完善情况	定性
43		核安全技术研发开展情况	定性
44	保障措施	核安全人才培养及人才管理情况	定性
45		核安全文化宣贯、评估情况及同行评估开展情况	定性
46		核安全公众沟通情况	定性
47		核安全国际合作情况	定性
48		核安全资金投入情况	定性

评估指标说明：

1. 核安全规划宣贯、落实情况

指标说明：对本规划的宣贯、培训、落实情况，包括制定具体实施方案、任务分工、单位内部核安全规划编制情况等。

2. 商业运行核电机组发生运行事件情况

指标说明：分年度统计“十三五”期间运行核电机组发生运行事件次数，具体包括机组名称、事件名称、事件级别（含0级）、发生时间等信息（可列表统计）。

3. 福岛核事故后安全改进措施有效性评估开展情况

指标说明：日本福岛核事故后运行核电厂开展安全改进措施的有效性评估情况，应急设备的运行和维护情况以及“十三五”期间开展的提高核电厂安全水平的安全改进行动。

4. 核电厂老化与寿命管理、运行许可证延续安全评价的开展情况

指标说明：运行核电机组开展老化与寿命管理的情况及采取的安全改进措施；说明相关核电机组运行许可证延续进展及安全评价情况。

5. 核电厂人因管理及概率安全分析试点应用情况

指标说明：核电厂开展人因管理情况；说明运行核电厂开展概率安全分析应用情况，包括核电厂名称、开展内容、实施效果等。

6. 营运单位对在建核电建造质量的管理情况

指标说明：营运单位对在建核电厂的管理情况，包括对工程总承包单位和分包单位的管理，对安全重要设备、大宗物件、大宗材料的监督管理情况，对常规工业安全的监督管理情况。

7. 核电厂建造事件管理情况

指标说明：分年度统计“十三五”期间在建核电机组发生建造事件次数，具体包括机组名称、事件名称、发生时间、简要介绍、处理结果等信息（可列表统计）。

8. AP1000、“华龙一号”、EPR、高温气冷堆等新机型开展调

试、经验反馈和试验情况

指标说明：AP1000、“华龙一号”、EPR、高温气冷堆等机组调试情况、调试经验反馈情况和首堆试验开展情况。

9. 新建核电机组从设计上实际消除大量放射性物质释放的实施情况

指标说明：从设计上实际消除大量放射性物质释放实施情况，以及新建机组如何实现从设计上实际消除大量放射性物质释放。

10. 研究堆定期安全审查、老化管理、安全改进及升级的开展情况

指标说明：研究堆定期安全审查及老化管理的开展情况，安全改造的开展情况，包括反应堆的名称、开展的内容、存在的问题、采取的改进措施等。

11. 防止六氟化铀泄漏措施完善情况

指标说明：说明防止六氟化铀泄露采取的措施，包括六氟化铀操作规程、密封系统安全改进、氟化氢在线监测等方面。

12. 核燃料循环设施职业照射剂量情况

指标说明：分年度说明核燃料循环设施从业人员职业照射剂量的情况及为降低剂量采取的措施。

13. 放射性物品运输及安保情况

指标说明：说明是否采用铁路、水路和航空等方式运输放射性物品，包括运输物品的种类、运输的方式、运输的能力、安保的措施、存在的问题及原因分析等。

14. 低中放固体废物处置场建设情况

指标说明：《中低水平放射性固体废物处置场规划》进展情况；低中放固体废物处置场选址、建设情况、预计完成的时间，存在问题及原因分析等。

15. 秦山、大亚湾核电基地放射性废物集中处理示范工程建设情况

指标说明：秦山、大亚湾核电基地放射性废物集中处理示范工

程建设进展和预计完成时间，存在问题及原因分析；可燃放射性固体废物焚烧、放射性污染金属熔炼等核电厂放射性废物减容与清洁解控技术应用情况。

16. 高放废物地质处置地下实验室建设情况

指标说明：高放废物地质处置地下实验室项目进展情况，预计完成时间，存在问题及原因分析。

17. 高放废物地质处置场选址及相关研究进展情况

指标说明：高放废物地质处置场场址调查情况，地质处置场重点候选场址确定情况，预估最终场址确定时间及建设进度，存在问题及原因分析；在工程屏障、处置工艺技术、处置化学、安全评价等高放废物地质处置相关方面的研究进展情况；高放废物地质处置安全目标和原则制定情况，我国高放废物地质处置选址技术安全准则等相关研究进展情况。

18. 高风险放射源生产单位配套建设情况，废旧放射源长期贮存设施情况

指标说明：高风险放射源生产单位配套建设情况，废旧放射源长期贮存设施情况，取得的进展（包括资金、项目进展等）和成效，存在问题及原因分析。

19. 废旧放射源安全收贮情况，循环再利用、处理处置及相关研究开展情况

指标说明：废旧放射源安全收贮情况，废旧放射源循环再利用、处理处置相关研究工作开展情况，说明取得的进展和成效，存在问题及原因分析。

20. 企业流出物和周边环境监测相关情况

指标说明：铀矿冶生产“三废”处理技术及废水排放管理优化情况，包括工艺改进、设备改进、管理优化等；企业对流出物和周边环境开展监测的情况，包括新增监测设施情况、监测种类、监测周期和达标情况等。

21. 地下铀矿山在役矿井通风及井下消防系统等安全改造情况

指标说明：企业在提高铀矿冶辐射安全方面所做的工作，包括地下铀矿山在役矿井防尘降氡措施完善、井下消防系统安全改造、铀矿冶辐射防护最优化、职业照射剂量管理等。

22. 地浸采铀矿山地下水污染防治开展情况

指标说明：对地浸采铀矿山地下水污染调研情况，地下水污染防治技术研究及防治工程进展情况，包括治理项目、治理目标、时间节点等。

23. 尾矿库安全情况

指标说明：尾矿库安全情况说明，包括按年度开展尾矿库现状评价，监测铀矿山尾矿（渣）坝的安全状态，对存在安全隐患的尾矿（渣）库进行安全整治等。

24. 2010 年前关停的铀矿冶设施退役治理和环境恢复完成情况

指标说明：2010 年前关停的铀矿冶设施退役治理情况、安全状态、项目进度、资金进度，若未完成请说明原因及后续措施。

25. 位于敏感地区的铀矿地质勘探设施退役治理完成情况

指标说明：位于敏感地区的铀矿地质勘探设施退役治理完成情况，包括项目进度、资金进度等，若未完成请说明原因及后续措施。

26. "十二五"期间关停的铀矿冶设施安全关闭及退役治理情况

指标说明："十二五"期间关停的铀矿冶设施安全关闭情况、环保设施是否正常运行、项目进度、资金进度、存在问题及原因分析，并预估项目完成时间。

27. 铀矿冶设施退役治理后长期监护机制建立情况

指标说明：需要开展长期监护铀矿冶设施的具体情况，分析铀矿冶设施退役治理后开展长期监护需要解决的难点，并提出解决方案。

28. 地浸采铀矿山退役治理计划制定情况

指标说明：地浸采铀矿山退役计划制定情况，包括具体的退役时间表和退役治理措施等。

29. 核安全设备的监造管理及出厂验收情况

指标说明：营运单位对核安全设备的监造管理，出厂验收等情况说明，包括取得成效、存在问题及原因分析。

30. 提高核安全文化水平的相关措施

指标说明：核安全设备持证单位在核安全文化方面的具体实施措施，包括宣贯及培训等情况。

31. 提高质保体系有效性的相关措施

指标说明：在提高设备质量和可靠性、质保体系有效性方面的具体实施措施，包括关键工艺、关键岗位责任人制度的设立和实施等。

32. 核电厂防范网络攻击、数据操纵或篡改能力建立情况

指标说明：核电厂面临的网络攻击、数据操纵或篡改的现状、防范水平、采取的措施。

33. 核设施实物保护系统改造情况

指标说明：核电厂、研究堆和核燃料循环设施实物保护系统的现状、安全改造的要求及进展、改造成效、存在问题及原因分析等。

34. 核应急预案修订情况

指标说明：核应急预案及执行程序制修订和自评估情况、存在问题及原因分析。

35. 核电集团核事故场内应急支援能力建设情况

指标说明：核电集团核事故场内应急支援实体基地、队伍建设完成情况、存在问题、原因分析及后续措施。

36. 核应急指挥中心建设情况

指标说明：涉核集团公司（院）核应急指挥中心建设情况、存在问题及原因分析等。

37. 应急队伍建设和技术支持完善情况

指标说明：核设施营运单位应急队伍建设情况、存在问题和原

因分析。核设施营运单位核应急技术支持手段完善情况。

38. 核应急资源储备完成情况

指标说明：各核电集团公司核应急资源储备情况，若未完成请说明原因及后续措施。

39. 应急演习及应急培训情况

指标说明：统计开展各类核与辐射事故应急演练次数，包括单项应急演习、综合应急演习、联合演习等，存在问题及原因分析。统计各类核与辐射应急培训情况，存在的问题及原因分析。

40. 核安全科技研发平台建立和完善情况

指标说明：利用国家科技重大专项、核能开发科研、环保科研专项及退役治理专项等现有科研资金渠道，建立或完善的核安全科技研发技术平台、中心、实验室的情况，包括建设进度、项目内容、项目起止时间、承担和配合单位、资金投入情况、存在问题及原因分析等。

41. 核安全技术研发开展情况

指标说明：在严重事故分析研究、设备材料老化评估及运行许可证延续关键技术研究、风险指引型核安全监管技术研究、新型反应堆安全评价验证研究、安全分析软件研发、非能动安全技术研究、数字化仪控系统失效模式和可靠性研究、核电厂网络安全研究、内陆核电安全技术及环境影响评价技术研究、应急去污洗消技术研究、放射性废物中等深度和近地表处置技术研究、高放废物处理处置技术研究 12 个重点领域核安全技术研发情况，包括项目名称、项目内容、进展及完成情况、资金投入情况、存在问题及原因分析等。

42. 核安全人才培养及人才管理情况

指标说明：核安全人才队伍数量变化（可列表说明）。核安全人才发展计划、规划的制定和实施情况；与高校、科研机构的人才培养计划或机制的制定和实施情况；在严重事故分析、公众沟通、人因分析、核法律等重大涉核领域的人才培养举措和力度；人才交流培训的渠道拓展及具体举措；人才流动机制和选人用人机制的建立和实施情况；核燃料循环产业前后端人才配置的强化情况；学术带头人和技术引领者、专业领域技术带头人的培养情况。

43. 核安全文化宣贯、评估情况及同行评估开展情况

指标说明：核安全文化宣贯、评估的进展及成果；核安全文化引领情况，包括将核安全文化理念纳入规章制度等；核安全文化评估活动进展及成果；同行评估工作开展情况。

44. 核安全公众沟通情况

指标说明：核安全公众沟通工作开展情况，包括公众宣传、信息公开、公众参与等方面重点内容。

45. 核安全国际合作情况

指标说明：核电“走出去”战略实施情况，与各国核安全合作开展情况，核安全相关国际活动参加情况。

46. 核安全资金投入情况

指标说明：核安全资金保障情况，包括开展核安全改进、核安全技术升级、应急、安全保卫及科技研发等工作的资金投入情况、经费保障机制等。

附 6

各省（区、市）重点评估指标表

序号	规划领域	评估指标	指标属性
1	规划组织实施	核安全规划宣贯、落实情况	定性
2	规范管理，减少核技术利用辐射事故发生	放射源辐射事故年发生率（起/每万枚）	定量
3		废旧放射源安全收贮率（%）	定量
4		放射源安全专项检查行动开展情况	定性
5		高风险移动源辐射安全监管及实时监控平台建设情况	定性
6		废旧放射源辐射安全管理情况	定性
7	综合整治，保障铀矿冶及伴生放射性矿辐射环境安全	铀矿冶企业周边环境监测情况	定性
8		伴生放射性矿辐射环境管理情况	定性
9	防控结合，提升核安保水平	城市放射性废物库安保系统的升级改造情况	定性
10		城市放射性废物库废旧放射源清库情况	定性
11	平战结合，加强核与辐射事故应急响应	核与辐射应急预案修订情况	定性
12		核应急指挥中心建设情况	定性
13		核与辐射应急监测调度平台情况	定性
14		核应急前沿指挥所及核应急机动指挥平台建设情况	定性

续　表

序号	规划领域	评估指标	指标属性
15	平战结合，加强核与辐射事故应急响应	核应急救援力量建设情况	定性
16		核与辐射应急能力建设情况	定性
17		核应急技术支持手段完善情况	定性
18		综合性辐射应急演习及专项应急演习情况	定性
19		核与辐射应急培训情况	定性
20	创新驱动，推进核安全科技研发	核与辐射安全技术研发开展情况	定性
21	提升能力，推进核安全监管现代化建设	省级辐射环境监测能力建设情况	定性
22		地市级辐射环境监测能力建设情况	定性
23	保障措施	核与辐射安全法规、导则、标准、规范性文件制修订情况	定性
24		辐射环境监测体制改革情况	定性
25		核与辐射安全人才培养及人才管理情况	定性
26		核安全文化宣贯、评估相关情况	定性
27		核与辐射安全公众沟通情况	定性
28		核与辐射安全资金投入情况	定性

评估指标说明

1. 核安全规划宣贯、落实情况

指标说明：本规划的宣贯、培训、落实情况，包括制定具体实施方案、任务分工、单位内部核安全规划编制情况等。

2. 放射源辐射事故年发生率（起/每万枚）

指标说明：分年度统计各类在用放射源数量及放射源总数，每年发生辐射事故的数量，计算放射源辐射事故年发生率（起/每万枚），说明每起辐射事故等级、事故发生领域、事故原因，事故造成的经济损失等情况。

3. 废旧放射源安全收贮率（%）

指标说明：统计废旧放射源数量、废旧放射源安全收贮数量（含返回原生产单位），计算比例。若未安全收贮，请说明原因及后续措施。

4. 放射源安全专项检查行动开展情况

指标说明：放射源安全专项检查行动开展的情况，核实放射源生产、销售、使用情况，说明取得的进展和成效，存在问题及原因分析，后续主要措施。

5. 高风险移动源辐射安全监管及实时监控平台建设情况

指标说明：高风险移动源辐射安全监管工作及实时监控平台建设情况，说明取得的进展和成效，存在问题及原因分析，后续主要措施。

6. 废旧放射源辐射安全管理情况

指标说明：废旧放射源加强辐射安全管理情况，包括废旧放射源安全收贮相关工作情况，废旧金属回收熔炼辐射安全管理制度完善情况等，说明取得的进展和成效，存在问题及原因分析，后续主要措施。

7. 铀矿冶企业周边环境监测情况

指标说明：铀矿冶企业流出物监督性监测开展情况，分析其对周边环境地下水和土壤污染情况及存在问题，提出解决方案。

8. 伴生放射性矿辐射环境管理情况

指标说明：伴生放射性矿现状调查和辐射现状普查工作情况，取得的进展和成效，存在问题及原因分析，后续主要措施；提出伴生放射性矿产资源分类管理优化建议；伴生放射性矿开采、利用企业周边的监督性监测和信息公开情况。

9. 城市放射性废物库安保系统的升级改造情况

指标说明：城市放射性废物库安保系统现状及改造情况，包括取得进展和成效，存在问题及原因分析，后续主要措施。

10. 城市放射性废物库废旧放射源清库情况

指标说明：敏感地区城市放射性废物库废旧放射源收贮情况及清库情况，若未完成请说明原因及后续措施。

11. 核与辐射应急预案修订情况

指标说明：核与辐射事故应急预案、执行程序制修订及评估工作开展情况，取得进展及成效，存在问题及原因分析。

12. 核应急指挥中心建设情况

指标说明：核应急指挥中心建设情况，以及互联互通、信息交流和共享情况，存在的问题及解决方案。

13. 核与辐射应急监测调度平台情况

指标说明：省核与辐射应急监测调度平台的指挥、监测、协调、信息报送等功能实现情况，存在的问题及原因分析，后续主要措施。

14. 核应急前沿指挥所及核应急机动指挥平台建设情况

指标说明：有关省份核应急前沿指挥所及核应急机动指挥平台建设情况，包括指挥范围、设施设备配备情况、建设情况、项目进展、资金进展等，存在问题及原因分析，后续主要措施。

15. 核应急救援力量建设情况

指标说明：边境等重点省份核应急救援力量建设情况，包括核应急救援体系建设情况，存在问题及原因分析，后续主要措施。

16. 核与辐射应急能力建设情况

指标说明：东北边境及周边地区核与辐射应急能力建设情况，包括应对东北边境及周边地区突发核污染事件的预警、应急监测和应急处置的能力等方面，存在问题及原因分析，后续主要措施。

17. 核应急技术支持手段完善情况

指标说明：核与辐射应急技术支持方面的工作情况，存在问题及原因分析，后续主要措施。

18. 综合性辐射应急演习及专项应急演习情况

指标说明：统计开展各类核与辐射事故应急演练次数，包括单项应急演习、综合应急演习、联合演习等，存在问题及原因分析，后续主要措施。

19. 核与辐射应急培训情况

指标说明：统计组织和参加的各类核与辐射应急培训情况，包括培训师资、参训人次、授课方式、培训教材等方面情况，存在问题及原因分析，后续主要措施。

20. 核与辐射安全技术研发开展情况

指标说明：核与辐射安全科研项目开展情况，包括项目名称、研究内容、项目来源和经费渠道，取得的主要成果，存在问题及原因分析。

21. 省级辐射环境监测能力建设情况

指标说明：省级辐射环境质量监测体系的建设情况，包括辐射监测实验室建设情况，辐射环境自动监测站、陆地、水体、土壤、电磁辐射、海洋等点位建设情况，取得的进展和成效，存在问题及原因分析。核与辐射设施监督性监测体系的建设情况，包括重要核设施周围及核技术利用项目等监督性自动监测系统建设、取样监测点位与监测频率等，取得进展和成效，存在问题及原因分析。辐射环境应急监测体系的建设情况，包括各省份辐射环境应急监测调度平台建设、仪器配备、应急监测队伍建设情况等，取得进展和成效，存在问题及原因分析。

22. 地市级辐射环境监测能力建设情况

指标说明：地市级核与辐射应急监测快速响应能力建设情况，边境及周边地区等重点地市开展辐射环境应急监测能力建设情况，取得进展和成效，存在问题及原因分析，后续主要措施。

23. 核与辐射安全法规、导则、标准、规范性文件制修订情况

指标说明：地方核与辐射安全法规、导则、标准、规范性文件

制修订情况，包括制修订内容，进展情况等（可列表统计）。

24. 辐射环境监测体制改革情况

指标说明：辐射环境监测体制调整工作进展情况，存在问题及原因分析，后续主要措施。

25. 核与辐射安全人才培养及人才管理情况

指标说明：监管和监测人员数量情况、人才培训情况、人才交流情况。

26. 核安全文化宣贯、评估相关情况

指标说明：核安全文化宣贯和培育情况，主要进展及成果，后续主要措施。

27. 核与辐射安全公众沟通情况

指标说明：核安全公众沟通开展情况，包括公众宣传、信息公开、公众参与等方面重点内容，取得的进展和成果，存在问题及原因分析，后续主要措施。

28. 核与辐射安全资金投入情况

指标说明：核与辐射安全工作资金投入情况，经费保障机制建立情况，省、地市级辐射监测与应急能力建设经费，省级辐射环境监测网建设、运维经费，地方监管执法经费，城市放射性废物库的改造运行、定期清库资金等经费保障情况。

附 7

自评估报告编制大纲

第一章、《核安全规划》要求与实施总体情况

1.《核安全规划》对应要求及本单位制定的规划（计划）要求

2. 贯彻落实《核安全规划》的具体安排、工作进展、做法

3.《核安全规划》终期评估的组织安排情况

第二章、核电厂内容实施评估

1. 核电厂领域目标和重点任务的完成情况及实施成效

2. 核电厂领域工作中的经验与问题

第三章、研究堆和核燃料循环设施内容实施评估

1. 研究堆和核燃料循环设施领域目标和重点任务的完成情况及实施成效

2. 研究堆和核燃料循环设施领域工作中的经验与问题

第四章、早期核设施退役及放射性废物处理处置内容实施评估

1. 早期核设施退役及放射性废物处理处置领域目标和重点任务的完成情况及实施成效

2. 早期核设施退役及放射性废物处理处置领域工作中的经验与问题

第五章、核技术利用内容实施评估

1. 核技术利用领域目标和重点任务的完成情况及实施成效

2. 核技术利用领域工作中的经验与问题

第六章、铀矿冶及伴生放射性矿内容实施评估

1. 铀矿冶及伴生放射性矿领域目标和重点任务的完成情况及实施成效

2. 铀矿冶及伴生放射性矿领域工作中的经验与问题

第七章、核安全设备内容实施评估
1. 核安全设备领域目标和重点任务的完成情况及实施成效
2. 核安全设备领域工作中的经验与问题
第八章、核安保内容实施评估
1. 核安保领域目标和重点任务的完成情况及实施成效
2. 核安保领域工作中的经验与问题
第九章、核与辐射应急内容实施评估
1. 核与辐射应急领域目标和重点任务的完成情况及实施成效
2. 核与辐射应急领域工作中的经验与问题
第十章、核安全科研内容实施评估
1. 核安全科研领域目标和重点任务的完成情况及实施成效
2. 核安全科研领域工作中的经验与问题
第十一章、核安全监管内容实施评估
1. 核安全监管领域目标和重点任务的完成情况及实施成效
2. 核安全监管领域工作中的经验与问题
第十二章、保障措施实施评估
1. 主要保障措施完成情况及实施成效
2. 保障措施实施的经验与问题
第十三章、核安全“十三五”规划终期评估结论
1. 《核安全规划》指标完成情况总结
2. 《核安全规划》自查评价结论
3. 《核安全规划》实施综合结论
4. 对核安全“十四五”规划编制与实施的意见与建议
注：各评估对象结合实际涉及的工作范围适当增减评估内容。

附 8

重点工程项目表

序号	重点工程	主要内容	项目名称	项目来源	承担单位	起止时间	项目内容	项目资金（万元）				完成情况和存在的问题	备注
								中央投资	地方配套	企业自筹	小计		
一、核安全改进工程													
1	核电厂安全改进	开展日本福岛核事故后核电厂安全改进行动计划长期项目，开展核电厂数字化仪控系统、乏燃料水池、冷源安全、应急电源、安注系统、放射性废物处理系统等安全改进；在核岛厂房控制区增加视频监视系统											

续　表

序号	重点工程	主要内容	项目名称	项目来源	承担单位	起止时间	项目内容	项目资金（万元）				完成情况和存在的问题	备注
								中央投资	地方配套	企业自筹	小计		
2	秦山 320 MW 机组许可证延续评估	评估执照基准变化对机组安全状况的影响，开展系统、设备及重要零部件时限老化分析和整体性评估，开展机组安全改进											
3	研究堆安全改进	中国先进研究堆安全棒驱动机构改造及其他辅助系统安全改造、中国实验快堆辐射防护系统升级改造，高通量工程试验堆、岷江试验堆、中国脉冲堆等研究堆老化系统设备技术改造											

续　表

序号	重点工程	主要内容	项目名称	项目来源	承担单位	起止时间	项目内容	项目资金（万元）				完成情况和存在的问题	备注
								中央投资	地方配套	企业自筹	小计		
二、核设施退役及放射性废物治理工程													
1	放射性废物处置能力建设	5座中低放固体废物处置场建设；西北中低放固体废物处置场扩建；新建成的中低放固体废物处置场废物接收检测能力建设；高放废物地质处置地下实验室建设											
2	铀矿冶设施和铀地质勘探设施退役治理	完成部分关停的铀矿冶设施退役治理和环境恢复，安全关闭部分铀矿冶设施，及时启动退役治理；开展铀矿地质勘探矿床（点）的退役治理和环境恢复											

续 表

序号	重点工程	主要内容	项目名称	项目来源	承担单位	起止时间	项目内容	项目资金（万元）				完成情况和存在的问题	备注
								中央投资	地方配套	企业自筹	小计		
三、核安保与反恐升级工程													
1	核电厂实物保护改造	部分核电厂实物保护系统整体升级改造、视频监控系统改造、门禁等出入口控制改造，增加入侵探测和生物智能识别系统、低空飞行物管控工具和设备、海面探测系统设备											
2	核电厂网络安全能力建设	建立核电厂网络安全实验室，搭建核电厂工控系统测试平台，配备核电厂网络安全监控工具，开展网络计算机关键系统技术控制措施研究及相关基础设施的建设											

续 表

序号	重点工程	主要内容	项目名称	项目来源	承担单位	起止时间	项目内容	项目资金（万元）				完成情况和存在的问题	备注
								中央投资	地方配套	企业自筹	小计		
3	研究堆实物保护系统改造	重点单位实物保护系统运行保障能力建设；重点单位实物保护系统工程改造											
4	核燃料循环设施实物保护系统改造	部分核燃料循环设施实物保护系统改造、核安全监控体系升级改造和整体安保能力建设											
5	城市放射性废物库实物保护系统升级改造	部分城市放射性废物库安保系统升级改造；对个别地区城市放射性废物库废旧放射源和放射性废物开展清库											
6	高浓铀研究堆低浓化改造	对部分研究堆开展低浓化改造，协助相关国家开展低浓铀改造											

续　表

序号	重点工程	主要内容	项目名称	项目来源	承担单位	起止时间	项目内容	项目资金（万元）				完成情况和存在的问题	备注
								中央投资	地方配套	企业自筹	小计		
四、核事故应急保障工程													
1	国家核事故应急救（支）援体系建设	国家核事故应急救援队能力建设；浙江秦山、广东大亚湾（阳江）、山东烟台3个支援基地建设，核电培训、物资储备和技术支持等基础设施建设，配备运输车辆、信息通信、运行维修、远程遥控、辐射监测与防护、后勤保障等设备；国家级核应急专业技术支持中心和救援分队建设，各支力量达到相应能力要求											

续　表

序号	重点工程	主要内容	项目名称	项目来源	承担单位	起止时间	项目内容	项目资金（万元）				完成情况和存在的问题	备注
								中央投资	地方配套	企业自筹	小计		
2	省级应急能力建设	江苏、浙江、广东、福建、广西、辽宁、山东、海南等各核电省份应急指挥、救援能力建设并完善应急物资储备，省级核应急医学救援队伍建设，配备现场医学救援装备											
3	重点单位和核电集团公司应急能力建设	各核电集团公司和重点单位核事故应急能力、指挥协调、技术支持、救援分队等能力建设，配备必要应急物资及装备											

续 表

序号	重点工程	主要内容	项目名称	项目来源	承担单位	起止时间	项目内容	项目资金（万元）				完成情况和存在的问题	备注
								中央投资	地方配套	企业自筹	小计		
五、核安全科技创新工程													
1	核安全技术研发平台	建立一批平台，开展提升核安全水平的科研攻关											
2	核安全技术研发项目	开展严重事故分析研究、设备材料老化评估及许可证延续关键技术研究、风险指引型核安全监管技术研究、新型反应堆安全评价验证研究、安全分析软件研发、非能动安全技术研究、数字化仪控系统失效模式和可靠性研究、核电厂网络安全研究、											

续　表

序号	重点工程	主要内容	项目名称	项目来源	承担单位	起止时间	项目内容	项目资金（万元）				完成情况和存在的问题	备注
								中央投资	地方配套	企业自筹	小计		
2	核安全技术研发项目	内陆核电安全技术及环境影响评价技术研究、应急去污洗消技术研究、放射性废物中等深度和近地表处置技术研究、高放废物处理处置技术研究 12 个领域核安全技术研究											
六、监管能力建设工程													
1	国家核与辐射安全监管技术研发基地建设	建设包括压水堆安全性技术试验平台、核电厂运行安全仿真技术实验室在内的 3 个平台、3 个实验室											

续　表

序号	重点工程	主要内容	项目名称	项目来源	承担单位	起止时间	项目内容	项目资金（万元）				完成情况和存在的问题	备注
								中央投资	地方配套	企业自筹	小计		
2	全国辐射环境监测网络建设	国控大气辐射环境自动监测站建设，对接近运行寿期、设备老化的自动监测站进行系统优化和升级改造；对5家重点核设施单位共21个国控点位的外围环境监督性监测系统进行升级；省级辐射环境监测网建设，覆盖重点监管的核设施周边地区、边境及其他敏感地区											
3	中央和地方辐射环境监测能力建设	全国6个地区核与辐射安全监督站、2个技术支持中心监测能力建设，											

续　表

序号	重点工程	主要内容	项目名称	项目来源	承担单位	起止时间	项目内容	项目资金（万元）				完成情况和存在的问题	备注
								中央投资	地方配套	企业自筹	小计		
3	中央和地方辐射环境监测能力建设	提高相关能力；补齐省级核与辐射应急监测调度平台及地市级快速应急监测系统，有核电省份事故早期预警及污染区快速划定能力建设，重点地市开展区域性监测分析实验室建设											
4	核与辐射安全监督站基础能力建设	全国6个地区核与辐射安全监督站执法装备配备、人员培训。监督站业务用房、华东地区核电模拟机控制室及其配套设施等相关能力建设											

续　表

序号	重点工程	主要内容	项目名称	项目来源	承担单位	起止时间	项目内容	项目资金（万元）				完成情况和存在的问题	备注
								中央投资	地方配套	企业自筹	小计		
5	核与辐射安全监管信息系统建设和升级	国家核技术利用辐射安全管理系统全面升级；建设高风险移动放射源在线实时跟踪监控平台；建立全国放射性废物管理信息系统											
6	海洋辐射监测能力建设	在我国沿海核电厂附近海域建设辐射监测系统，完善海洋辐射监测预警体系											

注：对不涉及的工程项目，可不填。